甜樱桃高产栽培技术问答

TIANYINGTAO GAOCHAN ZAIPEI JISHU WENDA

任士福 主编

中国科学技术出版社
·北京·

图书在版编目（CIP）数据

甜樱桃高产栽培技术问答 / 任士福主编 . —北京：
中国科学技术出版社，2017.8
ISBN 978-7-5046-7617-7

Ⅰ. ①甜… Ⅱ. ①任… Ⅲ. ①樱桃−高产栽培−问题解答
Ⅳ. ① S662.5−44

中国版本图书馆 CIP 数据核字（2017）第 188964 号

策划编辑	刘　聪　王绍昱
责任编辑	刘　聪　王绍昱
装帧设计	中文天地
责任印制	徐　飞

出　　版	中国科学技术出版社
发　　行	中国科学技术出版社发行部
地　　址	北京市海淀区中关村南大街16号
邮　　编	100081
发行电话	010-62173865
传　　真	010-62173081
网　　址	http://www.cspbooks.com.cn

开　　本	889mm×1194mm　1/32
字　　数	133千字
印　　张	5.125
版　　次	2017年8月第1版
印　　次	2017年8月第1次印刷
印　　刷	北京威远印刷有限公司
书　　号	ISBN 978-7-5046-7617-7 / S・676
定　　价	23.00元

本书编委会

主 编

任士福

编著者

任士福　贾艳学　史宝胜　任子蓓

Contents 目 录

一、概 述

1. 甜樱桃的分类地位及主栽品种是什么?

甜樱桃,属于蔷薇科,李属,樱桃亚科,是樱桃中的一个物种,为落叶乔木或灌木。原生于欧洲、非洲西北部和亚洲西部,从不列颠群岛起,南至摩洛哥和突尼斯,东至瑞典南部、波兰、乌克兰、高加索和伊朗北部,甚至在喜马拉雅山脉南部都有分布。我国主要栽培的樱桃种类有甜樱桃、中国樱桃、毛樱桃和酸樱桃等,目前我国各地推广的品种主要是甜樱桃。甜樱桃主要用于鲜食,少量进行加工。因当前甜樱桃种植面积较少,市场售价较高,所以各适宜产区正在积极规划、扩展甜樱桃的种植规模。

2. 甜樱桃的营养价值与商业价值如何?

甜樱桃的营养价值极高,它含有丰富的蛋白质、碳水化合物、矿物质以及多种维生素。每 100 克甜樱桃的鲜果实中含铁 6～8 毫克,比苹果、梨高 20～30 倍,居水果之首;维生素 A 的含量是苹果、柑橘的 5～6 倍;维生素 C 的含量约为苹果、梨和桃的 3 倍。经常食用甜樱桃可以促进人体血红蛋白的再生,防治缺铁性贫血等。

在中医药学上,甜樱桃味甘、性温、无毒,可以调中益气、平肝祛热。它不但具有健脾胃、祛风湿的药理功效,还具有令人"好颜色,美志性"的功效。此外,它对消化不良、食欲不振等症状也有益处。经常食用甜樱桃有益于头发强健。

甜樱桃除用于鲜食外，还可加工成樱桃汁、酒、罐头等 20 多种加工产品，还可用作冰淇淋、酸奶酪和烤制食品的调味料或其他食品的作料。其中，樱桃酒的酒精度比较低，一般在 9°～12°，非常适合女士饮用，也备受年轻女士的青睐。据了解，在上海、深圳、广州等地，樱桃酒已经成为饮酒的新时尚。

3. 甜樱桃的栽培效益如何？

甜樱桃栽培具有极高的经济效益。甜樱桃抗旱、耐寒、耐瘠薄，适应性强，病虫害少，栽培成本低，是北方落叶果树中经济效益最好的树种之一。

甜樱桃田间管理用工少，生产成本低，果品经济价值高。北方露地矮化栽培，一般 3～4 年结果，5～6 年进入初盛果期，产量高者每 667 米^2 可达 1 000～1 500 千克，优质果品销售价格高达 20～40 元/千克；而且，设施栽培的甜樱桃可提早 20～40 天成熟，每年 3 月底至 4 月下旬上市，价格可高达 100～300 元/千克。此外，随着旅游业的发展，各地还出现了观光采摘的甜樱桃园，其生产效益和经济效益也更高，并被果农视为"摇钱树"、"发财树"。

4. 世界甜樱桃种植现状是怎样的？

世界甜樱桃的种植分布中，欧洲占 81%，美洲占 13%，而亚洲种植则相对较少。甜樱桃的国际贸易主要发生在西欧、北美和日本，且市场交易十分活跃。据统计，全世界每年出口甜樱桃 20 万～30 万吨。其中，美国是最大的出口国，年出口 5 万～6 万吨，占世界总出口量的 28.8%；其主要出口地为日本和我国台湾、香港，仅以上 3 地的出口量就占美国甜樱桃出口总量的 60% 左右。此外，西欧是世界上最大的甜樱桃消费区，欧盟除每年自产 55 万吨甜樱桃外，还会进口 10 万吨左右，占世界进口量的一半以上。目前，中国、日本、韩国及东南亚等国家进口的甜樱桃主要来自美国、智利和澳大利亚等国家。

5. 我国甜樱桃生产现状是怎样的?

甜樱桃于 19 世纪 70 年代引入我国,很长一段时间只是零星种植,直到 20 世纪 70～80 年代才开始了真正意义上的栽培。进入 20 世纪 90 年代,甜樱桃在我国的栽培面积、范围迅速扩大,产量、效益不断提高,产业有了突飞猛进的发展。随着我国农村的种植结构及市场经济的不断调整,甜樱桃在适栽区域也获得了前所未有的发展。据中国园艺学会樱桃分会初步统计,2010 年全国甜樱桃栽培面积约为 10 万公顷,主要分布在山东、辽宁、河北的环渤海地区。特别是近几年来,河南、陕西、甘肃、宁夏、新疆以及云贵川冷凉高地等也积极发展,已初步形成西安、郑州、洛阳、汉源及北京近郊采摘园等新兴产地。甜樱桃市场价格高,供需旺盛,随着大众消费能力的进一步提高,仅就国内甜樱桃市场而言,其潜力十分巨大。

6. 我国甜樱桃的发展优势有哪些?

(1)栽培区域　甜樱桃属于喜温、喜光、不耐寒、怕涝不抗旱的植物。我国栽培甜樱桃已有 120 多年的历史,百余年来的栽培实践证明,甜樱桃的主要适栽地在渤海湾地区,以山东半岛和辽东半岛最多。山东省是我国甜樱桃栽培面积最大、产量最多的一个省,其主栽区主要集中在胶东的烟台等地。但随着栽培管理技术水平的提高以及北方保护地栽培的扩大,甜樱桃栽培现在已发展到了辽宁、吉林、河北等省。其中,辽宁省主要集中分布在辽南的大连地区;河北省则主要分布在秦皇岛市山海关区、北戴河区及昌黎县。此外,陕西、山西、内蒙古、新疆、河南等省(自治区)也有种植。环渤海湾地区(包括山东、辽宁、北京、河北、天津等地)是我国甜樱桃栽培起步最早的地区,果农已经得到了栽培甜樱桃的高回报,其种植积极性高,带动了国内其他地区甜樱桃种植业的发展。

河北农业大学甜樱桃课题组,针对太行山东麓的气候干燥、冬季低温、春季较短、气温骤升，致使甜樱桃幼树抽条、感病重、不易结果的难题，历经 10 年研究，从国内外引进 25 个品种和 5 个砧木，选育出了适宜该区栽培的品种和砧木，实现了甜樱桃丰产优质栽培，解决了该区不宜栽培甜樱桃的难题。研究人员通过"良种、良砧、良法"综合配套技术，实现了甜樱桃定植后 3 年结果，6 年每公顷产 1554 千克，7～9 年每公顷产 2308 千克以上，每公顷增值 4.5 万元的目标。该成果在保定、石家庄、廊坊、邢台、邯郸等 5 地（市）建立了高效无公害生产基地，示范推广有效种植面积达 396 公顷，新增产值 3.8 亿元，新增纯收入 3.7 亿元。

（2）生长环境与相关技术　俗话说"樱桃好吃，树难栽"。甜樱桃属于落叶果树，冬季需保证一定的需冷量，而且对水分、温度、土壤等环境条件要求严格，适宜在北方局部地区栽培，适应范围较小。

世界樱桃产量曾一度出现下滑趋势，主要原因有产量低、品质差、裂果、鸟害严重、采收费工、成本高等。近几年，随着科研水平的提高，甜樱桃生产上出现的大多技术问题都已得到了解决。一是修剪方式发生了改变，现在甜樱桃果树多矮化、密植。二是管理工作更加细致，如加强了病虫害防治、架设防雨棚、防洪排涝等，变粗放管理为精细栽培，降低成本，提高效益。

（3）上市期　随着保护地甜樱桃生产和贮运保鲜工作的展开与加强，甜樱桃鲜果已不再是 5 月份水果市场上的专属品种了。早春 3 月中旬至 4 月初，温室甜樱桃即逐渐上市，5 月份露地鲜食进入供应高峰期。贮运保鲜技术的提高使得 8～9 月份仍可品尝到鲜红美味的甜樱桃。

甜樱桃的果实除供鲜食以外，还可加工成樱桃汁、樱桃酒、樱桃酱、什锦樱桃、糖水樱桃、樱桃脯等 20 多种加工产品。

7. 我国甜樱桃产业存在的主要问题有哪些？

虽然甜樱桃产业的经济效益不断提高，各级政府以及广大果农的种植积极性也不断高涨，但甜樱桃在种植过程中却存在着许多问题不容忽视。例如，产业化程度低、生产方式落后、果品流通性差、资金投入不足和技术跟不上等。同时，在果农栽培管理过程中也存在着诸多问题，如品种结构不合理、生产管理水平稍低、苗木质量差、贮运技术落后以及市场体系不完善等问题。

二、甜樱桃生物学特性

1. 根系生长特点有哪些?

甜樱桃根系中的须根很发达,只要条件适宜全年均可生长。一般在露地栽培中,春季土壤解冻后,根系率先萌动,从土壤中吸收营养,长出新根,并供给地上部的营养。甜樱桃根系在土壤中的生长方向分为垂直根和水平根两类。垂直根是向土壤深处生长的根系,起着吸收水分、养分,以及固定树体的作用。水平根则分布浅,水平分布范围大,集中分布层在土壤5~20厘米范围内,具有扩大土壤营养面积的作用。

2. 花芽萌动期特点有哪些?

甜樱桃植株枝条上部花芽开始膨大的日期。选取发育正常的植株,全树约有5%的枝条顶部花芽开始膨大,芽鳞松动绽开或露白的日期,即为花芽萌动期。

3. 叶芽萌动期特点有哪些?

甜樱桃植株枝条顶部叶芽开始膨大的日期。选取发育正常的植株,将全树约有5%的枝条顶部叶芽开始膨大的日期、芽鳞松动绽开的日期以及顶端露出叶尖的日期记录下来,即为叶芽萌动期。

4. 花期分几个阶段? 各有何特征?

甜樱桃是对温度反应较敏感的树种。当日平均温度达10℃时,花芽开始萌动。日平均温度达 15℃时开始开花，花期 7 ～ 14 天。红灯、拉宾斯、早大果、美早、大紫萌芽期都在 3 月中旬。其中，红灯开花时间最早，为 3 月 14 日；早大果晚 1 天，为 3 月 15 日；大紫是 3 月 16 日；拉宾斯和美早为 3 月 17 日。温度较高时花期相对短些，温度较低时花期相对长些。

（1）花芽膨大期　甜樱桃全树有 25% 左右的花芽开始膨大，叶芽鳞片错开的时期。

（2）始花期　甜樱桃植株开始开花的日期。选取发育正常的植株，其全树 5% 以上的花朵开放的日期，即为始花期。

（3）盛花期　甜樱桃植株进入盛花的日期。选取发育正常的植株，其全树 50% 以上的花朵开放的日期，即为盛花期。

（4）落花期　甜樱桃植株花瓣变色，开始落花的日期。选取发育正常的植株，其全树约有 50% 以上的花朵开始脱落的日期，即为落花期。

5. 果实生长期有哪些特点？

即甜樱桃盛花期至果实成熟期的这段时间。

（1）果实开始着色期　指甜樱桃果实开始着色的时期。选取发育正常的植株，其全树约有 5% 的果实成熟的时间，即为果实开始着色期。

（2）果实成熟期　甜樱桃果实开始成熟的日期。全树 50% 左右的果实成熟、果面绿色完全褪去，其大小、形状、颜色等呈现出该品种固有的特性时，选取发育正常的果实 10 个，用手挤压，果肉有弹性并表现出固有的风味，即为果实成熟期。在保定地区，红灯、早大果成熟时间为 5 月 7 日，较大紫提前 4 天左右；拉宾斯、美早成熟较晚，分别为 5 月 28 日和 6 月 4 日。

6. 落叶期有哪些特点？

甜樱桃植株开始落叶的日期。选取发育正常的植株，其全树约有 50% 的叶片自然脱落或叶柄离层已形成、风吹即落的日期,即为落叶期。

7. 树体生长特点有哪些?

甜樱桃属于落叶乔木,树体高大、长势旺,干性强,层性明显,枝条多直立生长,树冠呈自然圆头形或开张半圆形。生产中,在人工整形的条件下,树高一般为 3～4 米,最高 5 米左右;冠径为 3～5 米,最大为 6～8 米。甜樱桃树的生长势与树高,及其立地条件的土壤肥力、水分等管理措施密切相关。甜樱桃树体由根、茎、叶、花、果等不同器官组成,定植后 3～4 年开始结果,12～15 年进入盛果期,大量结果延续年限为 15～20 年。

8. 叶片生长特点有哪些?

甜樱桃叶片多为长椭圆形,浓绿色、有光泽,且叶背面有稀疏茸毛。品种不同叶片大小也不同,一般按叶片大小可分为大叶型和小叶型 2 种。叶片一般长 13 厘米,宽 6～7 厘米。叶缘多为锯齿状。叶柄上常分布有干蜜腺体,在生长旺盛季节能不断地向外分泌透明蜜汁。

甜樱桃的叶面积一般为 60～70 厘米^2,最大可达 135 厘米^2。叶幕在树冠中的分布方式因品种、整形方式不同而不同。一般成枝力强的品种,树冠中、外部的叶幕量大;反之,成枝力弱、生长缓慢的品种,叶片在树冠内部分布得比较均匀。

9. 芽生长特点有哪些?

甜樱桃的芽根据着生部位分为顶芽和腋芽,按性质分为叶芽和花芽。甜樱桃的顶芽都是叶芽,而腋芽既有叶芽也有花芽。芽的类型因枝龄和枝条的生长势不同而异。幼树或旺树上的腋芽多为叶芽,成年树和生长中庸或偏弱枝上的腋芽多为花芽。甜樱桃侧芽都是单芽,每个叶腋中只着生 1 个芽(叶芽或花芽),这种叶芽单生的特性决定了对甜樱桃枝条管理的特殊性。在修剪时必须认清花芽和叶芽，短截部位的剪口芽须留在叶芽上，才能继续保持生长力。若将剪口留在花芽上，果实附近没有叶片提供养分，则会影响果实发育，并且在结果后该枝条便会干枯死亡。

（1）叶芽　叶芽为尖圆锥形，瘦长。1年生枝上的叶芽萌芽率高达90%以上，只有基部少数芽不萌发而转变成潜伏芽。叶芽会抽枝长叶，扩大树冠，增加枝量。樱桃的叶芽具有早熟性，当年形成的芽当年能萌发，且1年内能萌发2～3次，形成副梢。

（2）花芽　尖卵圆形，肥圆，伞形花序。甜樱桃花芽为纯花芽，只能开花结果，不能抽枝长叶。在春天萌芽时，叶芽和花芽的这种差别更为明显。每个花芽可开1～5朵花，但多数为2～3朵。

（3）潜伏芽　也叫隐芽，腋芽的一种，是由副芽或芽鳞、过渡叶叶腋中的瘦芽发育而来。潜伏芽通常不易萌发，只有受到较强的刺激才能萌发并抽生新梢。甜樱桃潜伏芽寿命较长，往往可以保持10～20年甚至更长。潜伏芽是树体骨干枝和树冠更新的基础，保护和利用好潜伏芽，可以使树冠保持完整，延长结果年限。

10. 甜樱桃枝条包括几个类型？各有何特点？

甜樱桃枝条按其性质可分为生长枝和结果枝两类。不同龄期，生长枝和结果枝的比例不同。幼树期，生长枝占优势，进入盛果期后，树体生长趋于平缓，几乎不再抽生生长枝，而是转化为结果枝开花、结果。

（1）生长枝　生长枝上会着生大量的叶芽（没有花芽），并可多次抽生新的生长枝，扩展树冠、强化树体骨架。甜樱桃的成枝力因品种、树龄、树势而异，其成枝力一般较中国樱桃稍弱，而且随树龄增长成枝力明显减弱。生长旺盛的1年生枝条经短截后，可萌发并抽生出2～8个侧生分枝。幼树和生长势较强的树体，抽生生长枝的能力强；生长势弱的树体和盛果期以后的树体，抽生生长枝的能力较弱。

叶芽萌动期一般比花芽萌动期晚 1 周左右，叶芽萌发后 7 天左右是新梢初生长期。开花期间，生长枝基本停止生长，并在花谢后迅速进入生长的春梢期。当果实发育进入迅速膨大期时，春梢停止生长。采果后，秋梢开始生长——有的是春梢封顶后顶芽再次萌发生长，春、秋梢节间有盲节；有的是春梢经过一段短暂的缓长后又开始旺长，春、秋梢节间有一段盲节。这样的新梢往往生长势极强，若不及时进行人工控制，易发生越冬抽条现象。

生长枝的生长与土、肥、水条件关系密切。土层深厚、肥沃、肥料充足、灌水较多的条件下，生长枝表现粗壮，生长量大。从生长枝的发育状态也能够判断树势和树体的营养水平。生长量过大，树势强旺，枝叶繁茂，则同化物积累减少，树体营养水平下降。反之，生长量过少，树势衰弱，叶小色淡，则同化物产量减少，树势衰弱，果实品质差，易受病虫危害。最为理想的生长枝表现为树势中庸，生长量适中，叶色浓绿，叶片发育良好，同化物产量和积累均高，树体营养水平也高，树体均衡生长。

（2）结果枝　进入结果期后，枝条生长量变小；结果枝着生花芽，开始开花、结果。结果枝按照枝条类型可分为混合枝、长果枝、中果枝、短果枝和花束状果枝 5 类。通常，成枝力强的种类和品种，其初果期至初盛果期的混合枝和长果枝数量对产量形成有重要作用。相反，成枝力弱的品种或盛果期的大树，则主要通过花束状果枝和短果枝获得产量。

①混合枝　原本为生长枝的枝条（如各级骨干枝的延长枝），常在基部形成花芽，中上部形成叶芽，这种枝条即被称为混合枝。混合枝具有扩大树冠、形成新果枝及开花结果三重作用，但其花芽质量一般较差，坐果率低，果实成熟晚、品质差。

②长果枝　长度一般为 15～20 厘米，花芽侧生。与其他核果类果树不同之处在于，长果枝除顶端和少数几个侧芽为叶芽外，其余侧芽均为花芽，所以开花结果后只有上部叶芽能继续抽生出新的枝叶。长果枝在初果幼树上比例较大，盛果期以后，长果枝的比例

逐渐减少，但坐果率较高。一般情况下，长果枝的结果能力不如短果枝和花束状果枝，故不作为主要的结果枝。

③**中果枝**　长度为 5～15 厘米，顶芽为叶芽，腋芽均为花芽。中果枝一般着生在 2 年生枝的中上部，数量较少，也不作为甜樱桃的主要结果枝。

④**短果枝**　一般把长度小于 5 厘米、节间明显的果枝称为短果枝。短果枝一般着生在 2 年生枝条的中部和下部。结实力强，数量较多，寿命长，坐果率高，能连续单轴延伸并结果多年，是多数甜樱桃品种的主要结果枝类型。花芽质量好，1 个花芽内有 1～5 朵花，呈总状花序或簇生状。

⑤**花束状果枝**　节间不足 1 厘米，极短。这种果枝在初果期的树上很少，进入盛果期才逐渐增多，结果能力也随之增强。其花芽紧密聚合呈簇生状，顶芽为叶芽，腋芽均为花芽。花束状果枝开花时像花束一样，其上形成的花芽质量好，坐果率高，结实力强，寿命长，能连续结果 8～10 年，在良好的管理条件下甚至达 20 年之久，是甜樱桃盛果期最主要的结果枝类型。花束状果枝上的花芽数量常因树势和枝势的不同而异，一般壮树、壮枝上的花束状果枝花芽数量多，坐果率高，果实品质好；弱树、弱枝上的则相反。

甜樱桃不同类型的结果枝之间，生长枝和结果枝之间，在一定条件下可以相互转化。通过改善树体管理水平、栽培措施、树体营养状况及通风透光条件等，可实现甜樱桃高产、稳产的目的。

11. 甜樱桃根系的生长主要受什么影响？

甜樱桃的根系按其来源可分为实生根系和茎源根系两大类。

①实生根系是播种繁殖后，由种子的培根发育而来。其主根发达，分布较深，生活力强，对土壤环境有较强的适应能力。②茎源根系是由压条、扦插、分株等营养繁殖方式在茎上所生的不定根发育而来的。其根系由愈伤组织发育，或由母株的不定根形成，主根不明显，须根量大，分布较浅，生活力较弱，对土壤环境的适应能

力相对较差。

土壤条件和管理水平对根系的生长也有明显的影响。土壤沙质、透气性好、土层深厚，管理水平高时，甜樱桃根量大、分布广，可为果树丰产、稳产打下基础。相反，如果土壤黏重、瘠薄、透气性差，土壤管理水平差，甜樱桃根量小，分布窄，则会影响树体地上部分的生长和结果。目前，生产中常用中国樱桃、酸樱桃、毛樱桃、考特等作为甜樱桃砧木。酸樱桃和毛樱桃的主根发达，根系分布较深，固地性好，抗风；中国樱桃须根发达，须根分布浅，固地性差，不抗风；半矮化砧木考特的根系发达，抗风能力强。

12. 甜樱桃的开花特点有哪些？

甜樱桃花芽为纯花芽，每个花芽发育1个花序，每个花序有1~6朵花，花为白色或粉红色。甜樱桃为伞房花序，属子房下位花，由花萼、花瓣、雌蕊、雄蕊和花柄等部分组成。每朵花有5枚花瓣，雄蕊35~40根。正常发育甜樱桃的花朵一般只有1个雌蕊，但若翌年夏季高温干燥，则1朵花中可能会出现2~4个雌蕊，并发育成畸形果。甜樱桃还有雌蕊退化现象，柱头和子房萎缩而不结实。甜樱桃的花在夜间至凌晨开放，开花期间释放花粉。例如，在河北保定地区，3月底花芽初绽，花后4天内的授粉能力最强，5~6天仍有一定授粉能力，7天后授粉能力很低。甜樱桃花期为7~14天，其花期较早，易受晚霜危害，严重时甚至造成绝产，因此要注意花期防霜冻危害。

甜樱桃盛果期的花芽和花朵数量大。甜樱桃花授粉的主要媒介是蜜蜂、风力和其他昆虫。只有亲和性良好的花粉落到柱头上才能萌发，进而保证坐果率；若花期遇阴雨、大风、高温等不良天气，都会降低坐果率。花粉在10℃时花粉管萌发缓慢，萌芽率低；在14℃~23℃时发芽率高，发育良好；在26℃以上时，因温度偏高，发芽率降低。

甜樱桃的落花、落果期共有4次：第一次在花后2~3天，脱落的是畸形、先天不足的花。这次落花与树体储藏营养密切相关，栽培管理水平高、树体营养储备充足时，落花就轻。第二次落花在花后 1 周左右，脱落的主要原因是未能受精。花期天气条件恶劣，如刮风、下雨、低温等，落花就重。第三次落花在花后 2 周左右，脱落的主要是受精不良或种胚早期退化的幼果，且脱落的幼果没有胚，只有一层干缩的种皮。第四次是在硬核前后，此次落果主要是营养竞争所致，落果的胚发育正常。此期更应注意土、肥、水管理，控制树体营养生长，提高其坐果率。

甜樱桃不同品种间自花结实能力差别很大，大部分品种为异花结实，需配置授粉品种。但也有异花授粉不亲和的现象，因此在建园时要特别注意搭配亲和力强的授粉品种，并于花期适时放蜂或人工授粉。近年来，我国已引入斯坦勒、拉宾斯等若干能自花结实且较抗裂果的优良品种。

13. 甜樱桃的果实发育特点有哪些？

甜樱桃果实发育期短，从开花至果实成熟一般只有 30～70 天，如早熟品种红灯、布鲁克斯、美早等，需要 40～50 天。同桃一样，甜樱桃具有两个速长期和一个果核硬化的滞缓生长期。

（1）第一次速长期 落花至硬核为果实第一次速长期。这个时期子房细胞分裂旺盛；果核迅速增长至成熟时的大小，此时果核呈白色，未木质化；胚乳迅速发育，果实迅速膨大，此期是甜樱桃单果增重的关键时期。这一时期需 10～15 天，此期结束时的果实大小是采收时的 50% 左右，果实增长表现为纵径增长量大于横径增长量。

（2）硬核与胚发育期 果个增长渐慢，果核由白色变为褐色并逐渐木质化，胚乳被胚的发育所吸收。这一时期需 10～30 天，因品种间差异较大，所以不同品种所需的发育时间并不相同，其中，早熟品种所需时间短，晚熟品种所需时间长。这段时间单果重的实际增长量占采收时果实大小的 10% 以下。此期还要保证树体营养和水分的平稳供给，因干旱、水涝易引起幼果大量发黄、枯萎、脱落。此期的长短是决定果实成熟早晚的关键。

（3）第二次速长期 即硬核后至果实成熟，为果实第二次迅速增长期。主要特点是果实体积和重量迅速增大，一般横径增长量大于纵径增长量。此期持续3周左右，果实的增长量占采收时果实大小的70%～80%。此期不但要保证充足的肥水供应，保持土壤湿度相对稳定，还要增施速效性肥料。但此阶段若遇大雨或大水漫灌，往往会造成裂果。

果实生长伴随着一系列的生理生化变化，最明显的就是果实可溶性固形物含量的增加和果实颜色的变化。甜樱桃果实品质性状包括外观品质和内在品质。外观品质包括果实大小、果实颜色、果肉颜色、肉质等；内在品质包括香气、风味、维生素C含量、可溶性固形物含量等。

14. 甜樱桃果实颜色与品种有何关系？

甜樱桃的果实颜色可分为红色和黄色两大类。红色又有浅红、鲜红、深红、紫红、黑红等不同类型，但目前国内市场上比较认可红色品种。

甜樱桃果肉也有很多种颜色，大致可分为红色、白色、黄色3种，但用于加工的果实，果肉一般要求为白色。果肉有软肉、硬肉和脆肉3类，软肉品种成熟后果肉柔软多汁，不耐贮运，应适当早采，如红灯。肉质脆硬的品种一般较耐贮运，可待充分成熟后再采收，如拉宾斯。根据果核与果肉分离的难易程度，可将甜樱桃果实分为离核、半离核、黏核3类。就食用特点而言，黏核品种不如离核品种方便。

15. 甜樱桃对水分有何要求？

甜樱桃对水分很敏感，既不抗旱，也不耐涝。甜樱桃的栽培区，除雨水充沛的南方省份外，北方也有很多适栽区，其中尤其以山坡沟谷等小气候较湿润的地区为宜。目前，我国甜樱桃的主要栽培区多分布在渤海湾的山东省烟台、辽宁省大连等地，这两地靠海，年降水量为 600～900 毫米，空气湿润，比较适合甜樱桃的生长。但这并不能限制降水量少的地区栽培甜樱桃，比如美国华盛顿州的雅基玛和韦纳契，年降水量不超过 250 毫米，生长季降水量不超过 150 毫米，也可成为重要的甜樱桃生产区。

甜樱桃与其他核果类果树一样，根系要求较高浓度的氧气，如果土壤水分过多、氧气不足，将影响根系的正常呼吸，致其烂根、流胶，使树体不能正常地生长和发育，严重时甚至导致树体死亡。如果树体浸在水中 2 天，没有及时排涝，则其叶片会萎蔫但不脱落，叶片萎蔫不能恢复时会引起全树死亡。

16. 甜樱桃对温度有何要求？

甜樱桃喜欢比较凉爽干燥的气候，适于在年平均温度 10℃～15℃的地区栽培，较适宜在我国华北、西北及东北南部栽培。栽培地区的冬季最低温度不能低于 −20℃，过低会引起大枝纵裂和流胶，但夏季高温干燥对甜樱桃生长也不利。大棚甜樱桃树花序分离期的温度为 7℃～10℃，开花期为 11℃～12℃，幼果膨大期为 13℃～15℃。其中，开花坐果期的最适宜温度为 18℃～19℃，幼果期适宜温度为 20℃～23℃。一般棚内温度应控制在 25℃以下，空气相对湿度控制在 50%～70%。

甜樱桃春季开花早，早霜冻是近年来影响其产量的最大杀手。花期不同阶段耐受低温的幅度不同：花蕾期为 −5.5℃～−1.7℃，开花和幼果期为 −2.8℃～−1.1℃。另外，降温的速度也至关重要，气温急剧下降时，花芽冻害率可达 96%～98%；缓慢下降时，则只有 3%～5%。如果一个地区经常发生霜冻，就应慎重考虑该地区的生产可行性。

17. 甜樱桃对土壤有何要求？

土壤是甜樱桃树体生长发育的基础条件，园址的土壤状况对甜樱桃的生产效益影响很大。建园应选择土壤深厚、肥沃、通透性好的土地（以壤土和沙壤土为最好），要求活土层厚度在 1 米左右，土壤有机质含量不低于 1%，土质疏松、透气良好、保水性较强。因此，在发展甜樱桃时要选择地势较高、通风、排水良好的地方。甜樱桃对盐碱反应敏感，适宜的 pH 值范围为 6～7.5，过酸或过碱都将造成生长不良。土壤含盐量超过 0.1% 的地方生长结果不良。土壤中交换性钙、镁和钾离子对甜樱桃的生长发育影响较大，在交换性钙、镁较多，氧化镁与氧化钾比率较高的土壤中生长良好。

18. 甜樱桃对光照有何要求？

甜樱桃是喜光性较强的树种。光照条件好时，树体健壮，果枝寿命长，花芽充实，坐果率高；果实成熟早，着色好，含糖量高，经济寿命长。光照条件差时，树体易徒长，树冠内枝条衰弱，结果枝寿命短，结果部位外移，花芽发育不良，坐果率低，果实着色差，成熟晚，品质差。甜樱桃要求全年日照时数为 2 500～3 000 小时。因此，建园时要选择阳坡、半阳坡，栽植密度不宜过大，枝条要开张，保证树冠通风透光。

19. 如何避免强风对甜樱桃的不良影响？

如果大风经常持续不停，则对樱桃园不利。甜樱桃的根系较浅，抗风能力差。严冬、早春的大风易造成枝条抽干，花芽受冻；花期大风易吹干柱头黏液，影响昆虫授粉；夏、秋季大风，会造成枝折树倒，严重影响甜樱桃产量。甜樱桃叶片大而薄，大风易造成叶片破碎；干热风还可导致蒸腾过度，叶片萎蔫，影响叶片光合作用。果实成熟期经常有风会严重影响外观质量。如果风持续刮向一方，则药剂喷布也会受到影响。另外，幼树还会因受强风驱动使树趋向"偏冠"，结果树冠失去平衡，丰产时易造成劈枝。因此，在大风侵袭的地区，要搞好规划，设置防风林，或选择在小环境良好的地段建园，以减少风害的影响。

20. 如何避免冰雹对甜樱桃的不良影响？

冰雹对果树栽培所造成的危害不比晚霜小。冰雹不但会砸伤果实，降低果实等级，有时甚至完全无收，而且叶片被打破，树皮被损坏，严重影响树体正常生长。历史上常有雹灾的地区，需多加考虑甜樱桃建园的可行性。

三、甜樱桃优良品种
与砧木

1. 红灯的优良特征有哪些?

红灯由辽宁省大连市农业科学研究院育成,其杂交亲本为那翁×黄玉,是我国目前广泛栽培的优良早熟品种,在辽宁、河北及山东各地均有栽培。

该品种叶片特大,深绿色有光泽,阔椭圆形,长 17 厘米,宽 19 厘米,叶面平展,叶片在新梢上呈下垂状着生。花芽大而饱满。果个大,平均单果重 9.6 克,最大果重可达 16 克。果实呈肾形,大而整齐,鲜红至紫红色,富有光泽。果梗粗短。果肉肥厚多汁,酸甜适口,可溶性固形物含量为 14%~15%,可溶性糖含量约为 14%,每 100 克果肉中维生素 C 的含量为 16.89 毫克,单宁含量为 0.153%,干物质重约为 20%;核小,圆形,半离核,可食率为 92.9%。果实较耐贮运,品质上等。在河北省保定地区,该品种 4 月中旬开花,5 月中旬果实成熟,果实发育期 40~50 天,经济价值很高。其自花不结实,需配置授粉树;适宜的授粉品种有那翁、红蜜、拉宾斯、雷尼、先锋、红艳、大紫、意大利早红等。

该品种树势强健,树冠大,枝条粗壮,节间短,萌芽率高,成枝力较强。幼树生长旺盛,多直立生长,多数新梢可发二次枝,树姿较开张。进入盛果期较晚,一般定植后 3~4 年开始结果,5~6年丰产。盛果期产量较高,萌芽率高,成枝力弱。盛果期后,短果枝、花束状和莲座状果枝增多，莲座状结果枝连续结果能力强，且此时的生长和结果趋于稳定。

2. 拉宾斯的优良特征有哪些？

1965 年由加拿大以先锋和斯坦勒杂交育成。本品种为自花结实的短枝型晚熟品种，2010 年通过河北省林木品种审定委员会审定。

果实大型，近圆形或卵圆形，单果重 7～8 克，最大果重 11.5克。果梗中短中粗，不易萎蔫；成熟时果皮紫红色，有光泽，美观，果皮厚、韧；果肉红色、肥厚、脆硬、果汁多。果实在未完全成熟时酸度较高，成熟后酸度下降，口味酸甜，可溶性固形物含量为 16%，可食率达 92.5%，风味佳，品质上等，裂果轻。在河北省保定地区，4 月中下旬为盛花期，5 月中下旬果实成熟。

树势强健，树姿较直立紧凑，树冠开张，侧枝发育良好，幼树生长快，新梢直立粗壮。幼树结果以中、长果枝为主。盛果期多为花束状、莲座状果枝结果，连续结果能力强，极丰产。该品种自花结实并可作其他品种的授粉树，一般定植后第四年丰产。其因抗寒性强、无病毒病、抗霜冻、抗裂果、自花结实和连续丰产能力强等特点，已成为保护地促早和延迟栽培及露地栽培的主要品种之一。

3. 龙冠的优良特征有哪些？

中国农业科学院郑州果树研究所选育，由那翁与大紫杂交实生苗选出的实生 1 号。2010 年通过河北省林木品种审定委员会审定。

果实宽心脏形，平均单果重 6.8 克，最大果重可达 12 克。果皮鲜红色至紫红色，具亮丽光泽，艳丽诱人。果汁紫红色，酸甜适宜，风味浓郁，可溶性固形物含量为 13%～16%，每 100 克果肉中维生素 C 的含量为 45.7 毫克，可食率为 92.5%。果柄长 3.5～4.2 厘米。果肉较硬，贮运性较好。果核呈椭圆形，黏核，不裂果。果实发育期 40 天左右。花芽抗寒性强，开花整齐，自花结实率为 25% 左右。河北省保定地区 5 月中下旬成熟。

该品种树体健壮，树姿较直立，树冠开张。幼树以短果枝和中果枝结果为主；盛果期以短果枝和花束状果枝结果为主。其产量稳定，丰产性强，适宜授粉品种为红蜜和先锋等。该品种适合我国中西部气候干燥地区栽培。

4. 莫莉的优良特征有哪些？

该品种原产法国，1990 年中国农业科学院植物研究所从意大利引进，俗称意大利早红、莫勒乌。该品种具有早熟、色艳、丰产、稳产、优质等特点，是综合性状优良的早熟甜樱桃品种。

叶片大而长，呈三角状；叶片浓郁，有皱褶。果实肾形，单果重 6～7 克。果皮浓红色，完熟时为紫红色，有光泽。果肉红色、细嫩、肥厚多汁，可溶性固形物含量为 12.5%，可食率为 92.98%，酸甜适口，硬度适中。果实离核，品质上等。果柄中短，裂果轻。

该品种树势强健，幼树生长快，枝条粗壮，节间短，花芽大而饱满，一般定植后 3～4 年结果，第五年进入丰产期。其多数新梢可发二次枝，树姿较开张。该品种进入盛果期较晚，以花束状果枝和短果枝结果为主，自花结实率低，建园时应配置适宜的授粉树，适宜的授粉品种有红灯、芝罘红、拉宾斯、先锋、萨米脱等。其抗旱、抗寒性强。

5. 早红宝石的优良特征有哪些？

该品种为乌克兰品种，是目前我国最早熟的甜樱桃品种。果实阔心形，平均单果重 5 克，在冷凉地区可达 8 克；外观美观，富有光泽。果皮呈紫红色，易剥离。果柄长 4～5 厘米。果肉紫红色，肉质细嫩、汁多，酸甜适口，可溶性固形物含量为 13%。果核小，离核，可食率高，品质上等。该品种不耐贮运，抗裂果性差。在河北省保定地区，4 月上旬开花，5 月上旬果实成熟，果实发育期 40～50 天。

该品种树势健壮，树冠大，树姿半开张。植株生长较快，结果早，嫁接栽植后第二年即可见花，第三年普遍开花结果，并以花束状果枝结果为主。果树初结果期以中、短果枝结果为主，自花不结实，需配置授粉树，可作为授粉品种的有早大果、帕里乌莎、瓦列利。本品种抗旱、抗寒能力强，早熟，优质，丰产性好，适宜作为保护地促早栽培品种。

6. 佳红的优良特征有哪些？

由辽宁省大连市农业科学研究院培育，亲本为宾库和香蕉。

果实宽心形，大而整齐，果顶圆平，平均单果重 10 克，最大果重可达 13 克。果皮薄，底色浅黄，向阳面鲜红色并具有较明显斑点，有光泽。果肉浅黄色，肉质较软，肥厚多汁，酸甜适口，可溶性固形物含量为 19.75%，总糖为 13.75%，总酸为 0.67%，每 100 克果肉中维生素 C 含量为 10.57 毫克。果核小，卵圆形，黏核。本品种可食率为 94.58%，较耐贮运，品质上等。

该品种树势强健，生长旺盛，幼树生长较直立，结果后树姿逐渐开张，萌芽率和成枝力较强，枝条粗壮、斜生。一般定植后 3 年开始结果，逐渐形成花束状果枝，5～6 年后进入丰产期，丰产、稳产性好，生产中常作授粉品种栽培。果实发育期 55 天左右，为中晚熟品种，故不适宜作保护性栽培品种。本品种可在露地栽培，巨红和红灯为其授粉品种。

7. 红艳的优良特征有哪些？

由辽宁省大连市农业科学研究院育成，亲本为那翁和黄玉，为中熟品种。

叶椭圆形，叶缘有疏生的复锯齿。果实宽心形，平均单果重 8 克，最大果重 10 克；缝合线浅，对称，果肩不明显。果皮厚韧，底色浅黄，阳面着鲜红色，色泽艳丽，有光泽。果肉细腻，质地较软，果汁多，酸甜可口，风味浓郁，品质上等，可溶性固形物含量为 18.52%，可溶性总糖为 12.25%，总酸为 0.74%，干物质为

16.33%，每 100 克果肉中维生素 C 含量为 13.8 毫克。本品种可食率为 93.3%，离核。果实发育期 45 天左右，生长前期老叶易发黄脱落，抗裂果性较差，较耐运输。

该品种幼树树势强，多直立生长，盛果期后树冠逐渐半开张。萌芽率强，成枝力中等，分枝多，细弱枝结果多，丰产、稳产。一般定植后 3 年开始结果。其早期丰产性好，有一定自花结实能力，但生产中需配置授粉树，授粉品种以红灯、红蜜、佳红等为宜。

8. 红蜜的优良特征有哪些？

由辽宁省大连市农业科学研究院育成，亲本为那翁和黄玉，为中熟品种。

果实中等大小，平均单果重 5.4 克，最大果重 7 克。果实心脏形，底色黄色，阳面有红晕。果肉软，较厚，果汁多，风味甜，品质上等，可溶性固形物含量为 17%。果核小，黏核，可食部分为 92.3%，耐贮运。果实发育期 50 天左右，在河北省保定地区 4 月中旬盛花，6 月上中旬果实成熟。

该品种树势中等，树姿开张，树冠中等偏小，适宜密植栽培。其萌芽率和成枝力均强，分枝多，容易形成花芽，且花量大。幼树早果性好，一般定植后第二年即形成花芽，第四年进入盛果期。该品种坐果率高，丰产、稳产性好，容易管理。生产中常作为授粉品种栽培。

9. 巨红的优良特征有哪些？

又名 13-38，由辽宁省大连市农业科学研究院用那翁和黄玉杂交育成，为中熟、黄色优良品种。

果大整齐，平均单果重 10.25 克，最大果重 15 克。果实宽心脏形。果皮浅黄色，向阳面着鲜红晕，有较明显的斑点，外观鲜艳有光泽。果肉浅黄白色，肉质硬脆，肥厚多汁，风味酸甜，较为适口，可溶性固形物含量为 19.1%。果核中大，卵圆形，黏核。该品种可食率为 93.1%，耐贮运。果实发育期为 60 天左右。在河北省保定地区 4 月中旬始花，开花后 3～6 天为盛花期，6 月下旬果实成熟。

该品种树势强健，生长旺盛。幼树期直立生长，盛果期后逐渐半开张。其早果性好，定植后 4 年可见果，且适应性强，丰产性好，抗病，适合保护地栽培，极具发展前途。其适宜的授粉品种为红灯和佳红。露地栽培时其成熟期晚，易裂果，一般只作为授粉品种栽培。巨红对栽培条件要求较高，需设立支柱，以防倒伏。

10. 美早的优良特征有哪些？

由美国华盛顿州立大学普罗斯灌溉农业推广中心育成。其亲本为斯坦勒和早布瑞特。该品种 1988 年由大连引入，定名为美早，是继红灯之后的又一个果大、质优、肉硬、耐贮运的中早熟优良品种。

该品种果个大、结实早、硬度高，单果重 10～14 克。果实阔心脏形，缝合线浅，深红色。果实大小一致，果顶稍平，果肩圆形。果柄粗短，长度为 2.5～3 厘米，浅绿色。果皮中厚，紫红色，有光泽，鲜艳。果肉硬度大、脆，含纤维素少，成熟期一致。果肉味甜，低酸，汁液浅红色，香气较淡，鲜食品质极佳，可溶性固形物含量为 17.6%。果核圆形，中大。该品种可食率为 92.3%，耐贮运，抗裂果能力强，并抗寒、抗病虫、抗皱叶病；早熟，较先锋早 7～9 天，花期同先锋；生长直立，中等产量。果实硬度和早熟性等符合出口要求，潜在市场价值较高。在河北省保定地区，4 月中下旬开花，5 月中下旬果实成熟。

该品种树体高大，长势健旺，树姿开张。幼树萌芽率、成枝力均强。嫁接在马扎德砧木上的 6 年生树，树高和冠径均达到 4.9 米，每年枝条的平均伸长长度为 66 厘米。短枝丛生，嫁接在乔化砧上的 5 年生树产量为 7 千克，6 年生树产量为 9 千克。因此，在美国有 88.3% 樱桃树用矮化的吉塞拉 5 号和吉塞拉 6 号作砧木，以便提早结果，提高果实产量。

但该品种的最大缺点是成熟期遇雨裂果重，早采时口味略显酸涩，对细菌性溃疡病也较敏感。其适宜的授粉品种为萨米脱、先锋、拉宾斯等。

11. 那翁的优良特征有哪些？

19 世纪 80 年代前期引入山东省烟台，20 世纪 80 年代为烟台、大连等地的主栽品种之一，目前推广面积逐渐减少。

果实中等大，平均单果重 6.5 克，最大果重 9 克。果实心脏形或长心脏形，果顶尖圆或近圆，缝合线不明显，有时微有浅凹，果形整齐。果梗长，与果实不易分离，落果轻。果皮乳黄色，较厚韧，不易离皮，阳面有红晕，偶尔有大小不一的深红色斑点，富光泽。果肉浅米黄色，肉质较软，汁多，可溶性固形物含量为 14%～16%，甜酸适口，品质上佳。果核中等大，果肉可食率达 94%，鲜食、加工兼用。雨后易裂果，不耐贮运。果实发育期为 50 天左右。在河北省保定地区，4 月中旬开花，5 月中旬果实成熟。适宜授粉品种有大紫、水晶、红灯等。

该品种树势强健，树姿较直立，树冠半开张，结果后树势中庸。其萌芽率高，成枝力中等。盛果期树多以花束状果枝、短果枝结果为主，中、长果枝较少结果。结果枝寿命长，结果部位外移较慢，具有高产、稳产的特点。

12. 先锋的优良特征有哪些？

加拿大太平洋农业食品研究中心夏地试验站育成，在欧洲、美洲、亚洲等地均有栽培。1983 年中国农业科学院郑州果树研究所从美国引入，2004 年通过山东省林木品种审定委员会审定。

果个大，果实心脏形，单果重 8～8.5 克，最大果重可达 10.5 克。果皮紫红色，光泽艳丽，皮厚而韧。果肉玫瑰红色，肉质脆硬，汁多，品质佳，可溶性固形物含量为 17%，可食率达到 90% 以上。该品种耐贮运，可以放保鲜库；花粉多，是一个极好的授粉品种；较抗裂果，丰产性极好，是值得推广的中熟优良品种。在河北省保定地区，4月中下旬开花，5月中下旬果实成熟。适宜的授粉品种有宾库、那翁、雷尼等。

该品种树势强健，枝条粗壮，早果性、丰产性较好，不易裂果。

13. 大紫的优良特征有哪些？

又名大叶子、大红袍、大红樱桃，是目前我国的主栽品种之一。

叶片为长卵圆形，特大，故有"大叶子"之称。果实中大型，平均单果重 6 克，最大果重可达 10 克。果实心脏形至宽心脏形，稍扁，缝合线较明显。果梗中长、较细，易与果实脱离，即将成熟时易落果。果皮初熟时浅红色或红色，成熟后紫红色或深紫红色，有光泽。果皮薄，易剥离，不易裂果。果肉浅红色至红色，质地软，汁多味甜，可溶性固形物含量因其成熟度和产地而异，一般在 12%～15%，品质中上等。果核大，可食率达 90%。该品种适于鲜食和贮藏，较耐贮运；开花期晚，一般比那翁、雷尼晚 5 天左右，但果实发育期短，为 40 天左右。其成熟期不一致，需分批采收。

该品种树势旺盛，强健高大，幼树期枝条较直立，结果后逐渐开张。其萌芽率、成枝力均强；自花结实率低，是那翁的良好授粉品种。大紫坐果率高，较丰产。

14. 雷尼的优良特征有哪些？

美国华盛顿州农业实验站 1954 年用宾库和先锋杂交育成的黄色中熟品种。1983 年中国农业科学院郑州果树研究所引入我国。

该品种果实大型，平均单果重 8 克，最大果重达 12 克。果实心脏形，果皮底色为黄色，富鲜红色红晕，在光照好的部位可全面红色，十分艳丽、美观。果肉白色，质地较硬，可溶性固形物含量为 15%～17%，风味好，品质佳，生食加工皆宜。果核小，离核，果实可食部分达 93%，耐贮运，成熟期在 6 月上中旬。该品种早期丰产，栽后 3 年结果，5～6 年进入盛果期，5 年生树株产能达 20 千克。其花量大，是很好的授粉品种，自花不育，需配置授粉树，适宜的授粉品种为滨库、先锋。在河北省保定地区，4月中下旬盛花，6月中上旬果实成熟。

该品种树势强健，枝条粗壮，节间短，树冠紧凑，枝条直立，分枝力较弱，以短果枝及花束状枝结果为主，是一个丰产、优质的优良鲜食和加工兼用的品种。

该品种的不足之处是酸甜浓郁，酸味较重。采收前遇雨裂果较重。果实密集簇生，有时果实之间有积压现象。

15. 早大果的优良特征有哪些？

早大果又叫大果、巨丰，属大果型优良新品种。由乌克兰农业科学院灌溉园艺科学研究所育成。

该品种果实大而整齐，单果重11～13克，最大果重可达18克。果实广圆形，果柄中粗，易与果实分离。果皮紫红色，艳丽美观，果实初熟期果面鲜红色，逐渐变为紫红色，8～10天变为紫黑色。果面蜡质层厚，晶莹光亮有透明感。果肉较硬，果汁红色。果核大，圆形，半离核。可溶性固形物含量为16%～17%，口味酸甜，酸味较重，鲜食品质佳。果实成熟期一致，比红灯品种早3～5天。该品种自花不育，耐寒性强，丰产，耐贮运。其适宜的授粉品种有红灯、先锋、早红宝石、抉择、拉宾斯等。在河北省保定地区，4月中旬开花，5月中旬果实成熟。

该品种树体健壮，树体大，树势自然开张，树冠圆球形，以花束状果枝和中、短果枝结果为主，植株定植后3～4年结果。幼树成花早，早期丰产性好。本品种容易成花，夏季高接的树第二年即形成花芽，第三年开始多量结果；花芽中等大、饱满，每结果枝花芽数量2～7个。

16. 滨库的优良特征有哪些？

原产于美国俄勒冈州，是美国和加拿大栽培最多的一个甜樱桃品种。滨库在1982年从加拿大引入山东省果树研究所，1983年又从美国引入中国农业科学院郑州果树研究所，目前在我国已有一定的发展规模。

该品种叶片大，倒卵状椭圆形。果实大型，平均单果重 7.2 克，最大果重 11 克。果实心脏形，梗洼宽深，果顶平。果皮浓红色至紫红色，外形美观。果肉粉红色，质地脆硬，汁中多，淡红色。该品种果核小，离核，酸甜适度，品质上佳，耐贮运。该品种采前遇雨有裂果现象。其适宜的授粉品种有大紫、先锋、红灯、拉宾斯等。

该品种树势强健，枝条粗壮直立，树冠大，树姿开张，以花束状果枝结果为主。其适应性较强，丰产。

17. 萨米脱的优良特征有哪些？

萨米脱由加拿大农业与食品研究中心杂交育成，是一个抗裂果大果型的中晚熟甜樱桃品种，亲本是先锋和萨姆。该品种自育成后已在加拿大、美国、澳大利亚、新西兰、智利及欧洲的甜樱桃栽培区广泛栽培。1998 年由烟台果树研究所引入。2006 年通过山东省林木品种审定委员会审定。

果实特大，长心脏形，果顶尖，缝合线明显，果实一侧较平，平均单果重 12.8 克，最大果重 18 克。果实初熟时为鲜红色，完熟时为紫红色，果皮上有稀疏的小果点，色泽亮丽。果肉红色，肉脆多汁，可溶性固形物含量为 18.5%，可滴定酸含量为 0.52%。核椭圆形，中等大，离核。果实可食率为 93.7%，风味浓郁，甜酸适口，品质佳。果柄特长，抗裂果，抗寒性与先锋相同。果实成熟期较先锋晚 2 天，为中晚熟优良品种。该品种可选择先锋、拉宾斯作授粉树，也可与美早搭配栽培。

该品种幼树树势强健，生长旺盛，枝条直立，萌芽力、成枝力强。其长、中、短果枝均能结果，以短果枝结果为主，结果后树势稳定，树冠较开张。该品种早果性较好，丰产性一般。在河北省保定地区，4 月中下旬始花，5 月初盛花，花期 10 天左右；5 月中下旬果实膨大，6 月下旬果实成熟，果实生育期 60 天左右，10 月末落叶。

该品种缺点是挂果过多时果个明显变小，树体衰老快。有的年份果实经长期贮藏后，果面易出现凹陷。

18. 斯坦勒的优良特征有哪些？

斯坦勒是由加拿大育成的自花结实甜樱桃品种。

果实中等大，平均单果重 7 克，最大果重 9 克。果实心脏形，果顶钝圆，缝合线明显，果柄细长。果面紫红色，艳丽美观。果肉质硬而细密，酸甜较适口，可溶性固形物含量为 16.8%，风味佳，可食率达 91%。果皮厚韧，耐贮运。该品种自花结实能力较强，花芽充实饱满，花粉多，可以作为很好的授粉品种。

该品种树势强健，树姿开张，枝条健壮，新梢斜生，幼树结果早，丰产稳定。该品种较抗裂果，但抗寒性较差。

19. 抉择的优良特征有哪些？

抉择为乌克兰品种。

该品种果实大，圆心脏形，果柄长，平均单果重 9 克，顶部浑圆，梗洼中宽。果梗粗，易与果枝分离。果皮、果肉紫红色，皮薄，皮下斑点多，灰色。果肉较硬、多汁，酸甜适口，可溶性固形物含量为 16%，品质极上等。果核中等大，圆形，离核。该品种丰产性好，抗裂果性较差。果实发育期 42 天左右，适宜的授粉品种为瓦列利、帕里乌莎、早大果等，生产中常作副栽培品种或授粉品种栽培。

该品种树体大，树势强，枝梢下垂，分枝多且浓密。

20. 艳阳的优良特征有哪些？

1965 年加拿大太平洋农业食品研究中心夏地试验站育成，为先锋和斯得拉的杂交实生后代。该品种是拉宾斯的姊妹系，属中熟、高产品种。

该品种叶片大，深绿色。果实呈圆形，果个大，单果重 11～

13克，最大果重22.5克。果皮紫红色至黑红色，外观艳丽，具光泽。果肉味甜多汁、味浓，质地较软，可溶性固形物含量为16%～17%，品质优。该品种耐贮运，成熟期比拉宾斯早4～5天。其自花结实，丰产、稳产，抗病性和抗寒性均强，遇雨后有裂果现象。

该品种树势强健，树姿开张，树冠中等大。幼树生长旺盛，盛果期后树势逐渐衰弱。

21. 芝罘红的优良特征有哪些？

原名烟台红樱桃。为避免与大紫的异名相混淆，1998年山东省科委组织专家鉴定，正式定名为芝罘红。其在烟台及鲁中南地区栽培，生长结果表现良好。

该品种果实宽心脏形，平均单果重8.1克，最大果重9.5克。果个大，顶部平，缝合线明显，整齐均匀。果皮鲜红色，有光泽。果肉较硬，浅粉红色，果汁较多。果梗长而粗，一般为5.6厘米。该品种采前落果较轻，酸甜适口，可溶性固形物含量为16.9%，风味佳、品质上等。果皮不易剥离，核小，离核，可食率达93.3%。其进入盛果期后，该品种以花束状果枝和短果枝结果为主，长、中、短果枝结果能力均强，丰产性强。芝罘红成熟期较早，比大紫晚3～5天，与红灯同期成熟；一般5月底至6月初成熟，成熟期较整齐，一般需采摘2～3次。该品种异花结实，建园时需配置授粉树，适宜的授粉品种为红灯、那翁、水晶、斯坦勒、滨库等。

该品种树势强健，生长旺盛，树体高，树冠较大，半开张。其萌芽率高，幼树当年生枝短截或甩放，萌芽率达89.3%；成枝力强，1年生枝进行短截后，可抽生中、长果枝5～6个。该品种进入盛果期后以花束状果枝和短果枝结果为主，长、中、短果枝结果能力均强，丰产性强。

22. 明珠的优良特征有哪些？

明珠是辽宁省大连市农业科学研究院最新选育的早熟优良品种。

该品种果实宽心脏形，平均单果重 12.3 克，最大果重 14.5 克，平均纵径 2.3 厘米，平均横径 2.9 厘米；果实底色稍呈浅黄色，阳面鲜红色，外观色泽艳丽。肉质较软，风味酸甜可口，品质极佳，可溶性固形物含量为 22%，可溶性总糖 13.75%，可滴定总酸 0.41%，可食率 93.27%。明珠是目前中早熟品种中品质最佳的。果实发育期为 40～45 天，比红灯早熟 3～5 天，在大连地区种植的 6 月上旬即可成熟。

树势强健，生长旺盛，树姿较直立，芽萌发力和成枝力较强，枝条粗壮。3 年生树高达 2.45 米，冠径 2.71 米，幼龄期直立生长，盛果期树冠逐渐半开张。一般定植后 4 年开始结果，5 年生树混合枝、中果枝、短果枝、花束状果枝结果比率分别为 53.1%、24.5%、16.7%、5.7%。花芽大而饱满，每个花序 2～4 朵花，在先锋、美早、拉宾斯等授粉树配置良好的情况下，自然坐果率可达 68% 以上。

23. 晚红珠的优良特征有哪些？

晚红珠是辽宁省大连市农业科学研究院育成的极晚熟品种，原代号 8-102，2008 年 6 月通过辽宁省非主要农作物品种审定委员会审定并命名。

晚红珠樱桃树势强健，生长旺盛，树势半开张，7 年生树高达 3.78 米，冠径 5.3 米，幼树期枝条虽直立，但枝条拉平后第二年即可形成许多莲座状果枝，7 年生树长果枝、中果枝、短果枝、花束状果枝、莲座状果枝比率分别为 16.45%、3.13%、5.63%、19.37%、55.42%。花芽大而饱满，每个花序 2～4 朵花，花粉量多，在红艳、佳红等授粉品种配置良好的条件下，自然坐果率可达 63% 以上。该品种受花期恶劣天气的影响很低，即使花期遇大风、下雨，其坐果仍然良好。盛果期平均每 667 米² 产量为 1420 千克。

该品种果实宽心脏形，果面洋红色，有光泽。平均单果重 9.8 克，最大果重 11.19 克。果肉红色，肉质脆，肥厚多汁，果肉厚度达 1.16 厘米，风味酸甜可口，品质优良，可溶性固形物含量为

18.1%，可溶性总糖 12.37%，可滴定酸 0.67%，每 100 克果肉维生素 C 含量为 9.95 毫克，果实可食率为 92.39%。核卵圆形，黏核。耐贮运。大连地区 7 月上旬果实成熟，比先锋晚熟 15～20 天，属极晚熟品种，鲜果售价高是其突出优点。品种抗裂果能力较强，春季对低温和倒春寒抗性强。北京地区 6 月中下旬成熟，比先锋晚 5～7 天。该品种需注意树体防护。

24. 伯兰特的优良特征有哪些？

世界著名品种，原产法国，亲本不详。

意大利通过辐射诱变于 1983 年选育出紧凑型变异伯兰特 C1，树体比伯兰特小 25%。果实大，心脏形，缝合线侧面平。果实红色至紫红色，光亮，果皮厚度中等，易裂果。果肉中等硬度，果汁多，风味酸甜，品质优，半离核。北京地区 5 月中旬成熟，比红灯早 3～5 天。

树体生长健壮，幼树直立，逐渐开张，早果性好，丰产。开花期居中。

25. 秦林的优良特征有哪些？

秦林由美国华盛顿州立大学育成。

果实阔心脏形，果顶圆，果个整齐。果皮红色至紫红色，有光泽，果肉浓红色。平均单果重 8 克，最大果重 11 克。果肉硬脆，可溶性固形物含量为 17%，酸甜适口，风味浓。核较小，离核，果实可食率 94%。耐贮运，常温下可贮放 1 周左右。果实成熟期一致，比滨库早 10～12 天（比红灯晚 5～7 天）。

树势中等，在矮化砧木上存在坐果过多、果个偏小的问题，砧木可采用考特、马哈利、马扎德。授粉树可采用先锋、拉宾斯、萨米脱等。双果、畸形果少，丰产、抗裂果是其特点。

26. 布鲁克斯的优良特征有哪些？

美国加利福尼亚大学戴威斯分校于 1988 年育成。山东省果树研究所 1994 年引进，2007 年 12 月通过山东省林木品种审定委员会审定。

果实扁圆形，果顶平，稍凹陷。果柄短粗。果实红色，鲜艳光泽，果面有条纹和斑点。平均单果重 8～10 克，最大果重 13 克以上。果肉淡红色，肉厚核小，可食率 96.1%。肉质脆，糖度高、酸度低，口感好，含糖量 17%，含酸量 0.97%，风味甘甜是其主要特点。采收时遇雨易裂果。熟期集中，比滨库早熟 10～14 天（比红灯晚 3～7 天），在山东省泰安地区 5 月中下旬成熟，可在果实亮红色时采收。

树体生长势强，适应性强。初结果树以中、短果枝结果为主，成年树以短果枝结果为主，早实丰产。布鲁克斯与红灯、早大果、红宝石、雷尼的花期基本一致。

27. 桑提娜的优良特征有哪些？

加拿大太平洋农业食品研究中心育成。

果实卵圆形，果柄中长。果皮红色至紫红色。单果重 8～9 克。果肉硬，味酸甜，品质中上等，可溶性固形物含量为 18%，较抗裂果。果实成熟期一致，比滨库早 10～12 天（比红灯晚 5～7 天）。

树姿开张，干性较强，自花结实，早实丰产。

28. 雷吉娜的优良特征有哪些？

德国 Jork 果树试验站于 1998 年推出。

果实近心脏形。果柄中长。果皮暗红色，果面光泽，果肉红色。果实大型，单果重 8～10 克。果肉质硬，耐贮运，酸甜可口，风味佳，完全成熟时可溶性固形物含量为 20%。晚熟，成熟期比滨库晚 14～17 天。

树势健壮，生长直立，自花不结实，早果丰产性较好，抗裂果性能强，较抗白粉病。花期较先锋晚 4 天。

29. 甜心的优良特征有哪些?

加拿大太平洋农业食品研究中心于 1994 年推出。亲本为先锋和新星。

果实圆形。果皮红色,果肉红色。果实大型,单果重 8～11 克。果肉硬,中甜,风味好,具清香味,可溶性固形物含量为 18.8%。晚熟品种,成熟期比先锋晚 19～22 天。

树体生长旺盛,树姿开张,自花结实,早实,丰产性好,砧木宜选用马扎德。每年需要适当的修剪,新梢摘心,以防止结果枝过密。

30. 柯迪亚的优良特征有哪些?

捷克品种。果实宽心脏形,紫红色,光泽亮丽,果肉紫红色。单果重 8～10 克。果肉较硬,耐贮运,风味浓,可溶性固形物含量为 18%,较抗裂果。晚熟品种,成熟期比滨库晚 7～10 天,比拉宾斯早 3～4 天。

树势较强,早果性好,丰产;花期晚,但花较脆弱,易受霜冻影响。授粉树可选用 Skeena,雷吉娜,Benton,Sandra Rose,Schneiders,Stardust。砧木宜选用马扎德,吉塞拉 6 号或 12 号。

31. 胜利(乌克兰 3 号)的优良特征有哪些?

乌克兰农业科学院灌溉园艺科学研究所育成。山东省果树研究所于 1997 年从乌克兰引进,2007 年通过山东省农业品种审定委员会审定。

果实近圆形,梗洼宽,果柄较短、中细。果皮深红色,充分成熟后为黑褐色,鲜亮有光泽;果汁鲜艳深红色。平均单果重 10 克以上。果肉硬、多汁,耐贮运,味浓,酸甜可口,可溶性固形物含量为 17%。晚熟,比红灯晚 20 天成熟。

树体高大,树姿直立,生长势强旺,干性较强。结果期较晚,进入盛果期后连续结果能力较强，产量稳定。

32. 红手球的优良特征有哪些?

育种单位为日本山形县立园艺试验场。

果实短心脏形。果皮底色为黄色，果面为鲜红色至浓红色，完全成熟果肉呈乳黄色。平均单果重 10 克以上。果肉硬，可溶性固形物含量为 19%。近核处略有苦味。晚熟品种，比红灯晚 20 天成熟。

幼树树势强，结果树树势中庸、树姿较开张，花芽着生较多，早实，具有较好的丰产性，授粉品种有南阳、佐藤锦等。

33. 丽珠的优良特征有哪些?

育种单位为辽宁省大连市农业科学研究院。

果实肾形。初熟为鲜红色，后逐渐变成紫红色，有鲜艳的光泽。平均单果重 10.3 克，最大果重 11.5 克。肉质较软，风味酸甜可口，可溶性固形物含量为 21%。大连地区 6 月下旬果实成熟。

进入结果期早，连年丰产性好。

34. 泰珠的优良特征有哪些?

育种单位为辽宁省大连市农业科学研究院。

果实肾形。果实全面紫红色，有鲜艳光泽和明晰果点。平均单果重 13.5 克，最大果重 15.6 克。肉质较脆，肥厚多汁，风味酸甜适口，可溶性固形物含量为 19% 以上。核较小，近圆形，半离核，耐贮运。大连地区 6 月 20～25 日成熟。

树势强健，生长旺盛，枝条粗壮。

35. 饴珠的优良特征有哪些?

育种单位为辽宁省大连市农业科学研究院。

果实宽心脏形。果实底色呈浅黄色，阳面着鲜红色霞晕。平均单果重 10.6 克，最大果重 12.3 克。肉质较脆，肥厚多汁，风味酸甜适口，品质上等。可溶性固形物含量为 22% 以上。核较小，近圆形，半离核，耐贮运。大连地区 6 月中下旬果实成熟。

36. 冰糖脆的优良特征有哪些？

育种单位为辽宁省大连市农业科学研究院育成，原代号 9-19。

果实宽心脏形。果实底色呈浅黄色，阳面着鲜红色霞晕，外观色泽鲜艳。平均单果重 8.5 克，最大果重 9 克。肉质脆硬，风味甜酸可口，品质上等。可溶性固形物含量为 22% 以上，高者可达 30%。由于其肉质脆硬且含糖量高，消费者俗称其"冰糖脆"。核小，近圆形，黏核，特耐贮运。大连地区 6 月中旬果实成熟。

丰产性好，果实熟期遇雨易裂果。

37. 早露的优良特征有哪些？

育种单位为辽宁省大连市农业科学研究院，原代号 5-106。

果实宽心脏形，平均纵径 2.02 厘米，平均横径 2.45 厘米。果面紫红色，有光泽。平均单果重 8.65 克，最大果重 9.8 克。果肉红紫色，质较软，肥厚多汁，风味酸甜可口；可溶性固形物含量为 18%，果实可食率达 93.13%。核卵圆形，黏核。较耐贮运。果实发育期 35 天左右，比红灯早熟 7 ~ 10 天，大连地区 5 月末果实成熟。

品种树势强健，生长旺盛。萌芽率高，成枝力强，枝条粗壮。一般定植后 3 年开始结果。11 年生树长果枝、中果枝、短果枝、花束状果枝、莲座状果枝的比率分别为 8.95%、9.36%、7.94%、15.46%、58.2%。莲座状果枝连续结果能力可长达 7 年，莲座状果枝连续 4 年结果的平均花芽数为 4.15 个，5 年的平均花芽数为 4.3 个。

38. 早红珠的优良特征有哪些？

育种单位为辽宁省大连市农业科学研究院，原代号 8-129。

果实宽心脏形。果实全面紫红色，有光泽。果个大，平均单果重 9.5 克，最大果重 10.6 克。果肉紫红色，质较软，肥厚多汁，风味酸甜可口，品质佳，可溶性固形物含量为 18% 以上。大连地区 6 月上旬果实成熟。

萌芽率高，成枝力较强，枝条粗壮。一般定植后 4 年开始结果，幼树期以中、长果枝结果为主，随着树龄的不断增加，各类结果枝比率也在逐渐调整，长、中果枝比率减少，莲座状果枝比率增大。早红珠樱桃各类结果枝的花芽数与枝条长度呈正相关，即长、中果枝上着生的花芽数最多，以短果枝、花束状果枝的顺序递减。各类果枝的平均花芽数：长果枝 6.4 个，中果枝 7 个，短果枝 5.9 个，花束状果枝 4.2 个，莲座状果枝 3.08 个。各类结果枝的花芽所占比率：长果枝花芽数占总花芽数的 24.08%，中果枝占 26.33%，短果枝占 22.2%，花束状果枝占 15.8%，莲座状果枝占 11.5%。

39. 13-33 的优良特征有哪些？

育种单位为辽宁省大连市农业科学研究院。

果实宽心脏形。全面浅黄色，有光泽。平均单果重 10.1 克，最大果重 11.4 克。果肉浅黄白色，质较软，肥厚多汁，风味甜酸可口，有清香味，品质上等，可溶性固形物含量为 21.2%。核卵圆形，黏核。较耐贮运。大连地区 6 月中下旬果实成熟。丰产性中等。

40. 彩虹的优良特征有哪些？

育种单位为北京市农林科学院林业果树研究所。

果实扁圆形。全面橘红色，艳丽美观。果个大，平均单果重 7.68 克，最大果重 10.5 克。果肉黄色、脆、汁多，风味酸甜可口，可溶性固形物含量为 19.44%，可食率 93%。中熟品种，北京地区 6 月上旬成熟。

树姿较开张，树体和花芽抗寒力均较强，无特殊的敏感性病虫害和逆境伤害。早果丰产性好，自然坐果率高，5 年生树每 667 米² 产量可达 750 千克，盛果期树每 667 米² 产量达 1 000 千克以上。果实成熟后在树上维持时间可达 30 天，较适合观光采摘。

41. 彩霞的优良特征有哪些？

育种单位为北京市农林科学院林业果树研究所。

果实扁圆形。初熟时黄底红晕，完熟后全面鲜红色，色泽艳丽美观。果个大，平均单果重 6.23 克，最大果重 9.04 克。果肉黄色，质地脆，汁多，风味酸甜可口，可溶性固形物含量为 17.05%，可食率 93%。北京地区果实发育期 72～74 天，6 月下旬成熟，是目前适宜北京地区种植的最晚熟樱桃品种。

树姿较开张，早果丰产性好，树体和花芽抗寒力均较强，无特殊的敏感性病虫害和逆境伤害。

42. 早丹的优良特征有哪些？

育种单位为北京市农林科学院林业果树研究所。

果实长圆形。初熟时鲜红色，完熟后紫红色。果个中大，平均单果重 6.2 克，最大果重 8.3 克。果肉红色，汁多，风味酸甜可口，可溶性固形物含量为 16.6%，可食率 96%。北京地区果实发育期 33 天左右，5 月中旬成熟，比红灯早成熟 1 周以上，是一个优良的极早熟鲜食甜樱桃品种。

树姿较开张，早果丰产性好，树体和花芽抗寒力均较强，无特殊的敏感性病虫害和逆境伤害。

43. 香泉 1 号的优良特征有哪些？

育种单位为北京市农林科学院林业果树研究所。

果实近圆形。黄底红晕。平均单果重 8.4 克，最大果重 10.1 克。果肉黄色，质地韧，酸甜可口，品质好，可溶性固形物含量为 19%，可食率 95%。北京地区 6 月上旬成熟，采收期可从 6 月上旬延至 6 月下旬。采收期长，适合观光采摘。

早果丰产性好，自然坐果率高，不需要配置授粉树。树势中庸，花芽形成好，各类果枝均能结果，进入盛果期后，长果枝、中果枝、短果枝、花束状果枝、发育枝分别占 4.69%、8.85%、10.29%、67.97%、8.2%，以花束状果枝结果为主。5 年生树每 667 米^2 产量可达 500 千克，盛果期树每 667 米^2 产量可达 750 千克以上。在北京地区，该品种实生树、高接树和幼树，多年内未见严重冻害和日灼现象。树体和花芽抗寒力均较强。无特殊的敏感性病虫害和逆境伤害。

44. 香泉 2 号的优良特征有哪些？

育种单位为北京市农林科学院林业果树研究所。

果实肾形。初红时黄底红晕，完熟后橘红色。平均单果重 6.6 克，最大果重 8.25 克。果肉黄色、软、汁多，风味浓郁，酸甜可口，可溶性固形物含量为 17%，可食率 94.4%。北京地区果实发育期 36 天左右，5 月中下旬成熟。

早果丰产性好，自然坐果率高，需要配置授粉树，建议配置先锋、雷尼、艳阳等。树势中庸，花芽形成好，各类果枝均能结果。

45. 砧木山樱桃的优良特征有哪些？

山樱桃是辽宁省农业科学院园艺研究所和本溪果农从辽东山区野生资源中筛选出的。

山樱桃为高大乔木，树高 3～5 米。果实卵圆形，单果重 0.4～0.5 克。果皮紫红色或黑紫色；果肉薄，无实用价值。山樱桃扦插不易成活，不易发生根蘖，主要用种子繁殖。每千克种子粒数为 10 000～12 000 粒，种子发芽率高达 90% 以上。山樱桃的优点：一是播种砧木生长健壮，当年可嫁接，可供芽接株率达 80% 以上；二是实生苗根系发达，对土壤适应能力强，耐瘠薄、抗寒、耐旱性强，未发现有病毒病；三是与甜樱桃嫁接亲和性好，成活率高，结果早。其缺点：一是嫁接口高时，小脚现象严重，但不影响生长发育；二是结果树的树冠略小于板蓝根，不抗涝，根癌病较重。

46. 砧木大叶草樱桃的优良特征有哪些?

大叶草樱桃是烟台地区常用的一种砧木。其根的萌蘖力极强,进行分株或扦插繁殖容易成活。该树树势强,树姿开张。每千克种子粒数为 10 000 ~ 11 000 粒,发芽率在 50% 左右。该砧木除用播种法繁殖外,还可用分株、压条、扦插等方法繁殖。草樱桃毛根发达,嫁接亲和力强,但也存在缺点,如根系分布较浅,遇强风易倒伏;不抗寒,易抽条或受冻害;在黏重土壤中,会有根癌病发生。

烟台当地所用草樱桃有两种,一种是大叶草樱桃,另一种是小叶草樱桃。大叶草樱桃叶片大而厚,根系分布较深,毛根较少,粗根多;嫁接甜樱桃后,固地性好,长势强,不易倒伏,抗逆性较强,寿命长。小叶草樱桃叶片小而薄,分枝多根系浅,毛根多,粗根少;嫁接甜樱桃后,固地性差,长势弱,易倒伏,而且抗逆性差,寿命短。所以,作砧木时应选用大叶草樱桃,而不宜采用小叶草樱桃。

47. 砧木马哈利的优良特征有哪些?

马哈利原产欧洲东部和南部,是欧美各国目前广泛采用的樱桃砧木,是一种标准的乔化甜樱桃砧木。我国辽宁省大连、河北省秦皇岛、陕西省等地应用较多。马哈利是西北农林科技大学从马哈利樱桃自然杂交种的实生苗中选出的抗根癌病砧木,2005 年通过陕西省林木品种审定委员会审定。每千克种子粒数为 12 000 ~ 15 000 粒,经沙藏处理后,发芽率可达 90%。马哈利多用实生播种繁殖,其优点:一是出苗率高,幼苗生长整齐,播种当年可供芽接株率达95% 以上;二是与甜樱桃嫁接亲和力强,接口愈合良好,苗木生长健壮,成苗快;三是作砧木时有矮化作用,嫁接树高 3 ~ 4 米,树姿开张,根系发达,长势强旺,结果较早。此外,嫁接苗进入盛果期后,要控制产量,因负载量过大时,树势衰弱较快。马哈利耐旱、耐瘠薄、耐寒,不耐涝,根癌病、萎蔫病和细菌性溃疡病比马扎德轻；对疫霉病敏感，易感褐腐病。该树种不喜潮湿、黏重的土壤，适宜在轻壤土中栽培；有小脚现象；定植时应将接口埋在地表以下。

48. 砧木 ZY-1 的优良特征有哪些？

ZY-1 是中国农业科学院郑州果树研究所推出的半矮化砧。其优点：一是生长健壮，根系发达，萌芽率、成枝力均高，分枝角度大，树势中庸，根茎部位分蘖少；二是与甜樱桃嫁接亲和力强，成活率高，进入结果期早，3 年即可结果；三是具有显著的矮化作用，幼树期植株生长较快，成形快，进入结果期之后长势显著下降，一般嫁接树高 2.5～3.5 米；四是对气候和土壤有较广泛的适应性，可适应干旱和瘠薄的土地，在 pH 值 8.4 以下的土壤上都能健康生长。但需注意的是，该树种的根被挖断时易长出根蘖苗，故应减少断根。

49. 砧木考特的优良特征有哪些？

考特亲本为马扎德和中国樱桃，在 20 世纪 80 年代中期引入我国。刚引进时考特被认为是一个矮化砧木，后来观察表明其矮化形状不明显。该砧木优点：一是根系发达，长势较旺，分蘖力和生根能力均强，所以容易扦插和组织培养繁殖；二是栽植成活率高，与大多数樱桃品种嫁接亲和，苗木整齐；三是嫁接树初期树势较强，之后随树龄增长逐渐缓和，进入结果期后树势中庸，半矮化，而且嫁接的甜樱桃树体有乔化砧的 2/3；四是树体分枝角度大，易整形，一般 3 年即可形成稳定的丰产树形；五是结果早，好管理，坐果率较高，丰产，不过因坐果多而常使果个变小；六是对土壤适应性广，在土壤肥沃、排灌良好的沙壤土上生长最佳；七是根系发达，须根多而密集，固地性强，抗风力强；八是抗细菌性溃疡病，也抗疫霉菌危害。

考特因长势较旺，育苗时与自花结实品种搭配更易成花、结果。其最大的缺点是不耐旱且极易感根癌病。

50. 砧木莱阳矮樱桃的优良特征有哪些？

20世纪80年代由山东省莱阳市林业局对当地中国樱桃资源考察时发现的，1991年通过鉴定并命名。该砧木是一个矮生型品种，主要特点是树体矮小、紧凑，仅为普通型樱桃树冠大小的2/3。莱阳矮樱桃的优点：一是树势强健，树姿直立，分枝较多，1年生枝节间很短，叶片大而厚，果实产量高，品质好，当地也可用作生产树种；二是其分蘖、扦插苗与甜樱桃亲和力好，前期有一定的矮化效果，早果性也较明显；三是根系较发达，须根多，固地性强，几乎不患根癌病。该树种的缺点是抗涝性差。

51. 砧木吉塞拉系列的特征有哪些？

吉塞拉系列甜樱桃矮化砧木于20世纪60年代由德国吉森市的贾斯特斯·里贝哥大学育成。由酸樱桃、甜樱桃、灰毛叶樱桃和灌木樱桃等几种樱属植物种间杂交选出，为三倍体杂交种。

吉塞拉系列砧木品种（系）的共同特点：①与欧洲甜樱桃品种嫁接亲和力强；②对土壤适应性广，且非常适应在黏重土壤栽培；③嫁接的甜樱桃品种早果性、丰产性好；④抗寒性优于马扎德F12/1和考特；⑤对根癌病有较好的抗性。其中，吉塞拉5号、6号、12号还耐多种病毒病和细菌性溃疡病；⑥从抗李矮缩病毒（PDV）和李属坏死环斑病毒（PNRSV）来看，吉塞拉系列不如马扎德、马哈利和考特。吉塞拉系列砧木在欧洲各国及美国、加拿大、澳大利亚、新西兰已有广泛应用。

吉塞拉5号为标准矮化砧，亲本为酸樱桃×灰毛叶樱桃。其表现为矮化、早果、丰产、抗病、耐涝、土壤适应性广、固地性能好。吉塞拉5号砧甜樱桃的优点：一是树体大小仅为马扎德的45%，树体开张，分枝基角大；二是早果性极好，嫁接的甜樱桃第二年开始结果，第三年株产10千克以上；三是在黏重土地上表现良好，萌蘖少。其缺点：一是它对土壤肥力和肥水管理水平要求较高，否则会出现枝条生长量变小、果变小、树体早衰等现象；二是它固地性能较差，需立柱支撑；三是开花多、结果少，扦插不易生根，生产中多采用组织培养法培育砧木苗。

吉塞拉6号属半矮化砧，其树冠体积是马扎德的70%～80%，长势强于吉塞拉5号。它的主要优点：一是树体开张，圆头形，开花早、结果量大；二是适应各种类型土壤，固地性能好，在黏重土地上生长良好，萌蘖少，抗病毒病；三是在我国樱桃园土壤有机质含量普遍较低、土质较差的条件下，吉塞拉6号可能更为合适。不过，在栽种之前，各地需先做试验观察其表现后再考虑推广。

四、甜樱桃苗木繁育

1. 怎样选择适宜苗圃地?

繁育甜樱桃优质品种的苗圃地,最好选择土地平坦的地块,以疏松肥沃的中性壤土或沙壤土为宜。甜樱桃地块应选择高燥、背风向阳、土质肥沃、不重茬、不积涝、排水良好,又有水浇条件的地方,而且前茬作物不应是果树或核果类。圃地应重视营造防风林。

2. 怎样打理好苗圃地?

育苗圃地,要在冬前施基肥,施后深刨。每667米^{2}施农家肥4 000~5 000千克,圈肥、堆肥均可(需腐熟后施用),也可与复合肥混合施用。翌年春育苗前,再耕翻1遍土地,将其耙平整细,做畦。

3. 怎样对苗圃地土壤消毒?

土壤中有许多有害细菌和病虫,播种前须施药消毒,杀死害虫。常使用的杀菌剂有硫酸亚铁,每667米^{2}施用量为3~4千克,杀菌剂直接撒施地面,翻入土中即可;也可用50%多菌灵可湿性粉剂或70%甲基硫菌灵可湿性粉剂加500倍土,播种前撒施。以上杀菌剂均可防治黑斑病、霜霉病、白粉病等多种病害。

4. 砧木苗的繁育方法有哪些? 具体如何操作?

砧木苗的繁育方法主要有播种育苗、分株育苗、压条育苗、扦插育苗和组织培养等。生产上多采用播种育苗来繁殖砧木苗，也可选择分株育苗和扦插育苗等方法来繁育砧木苗。

（1）播种育苗　播种育苗成本低，繁殖系数大，根系发育旺盛，并且在生产中来源较广、嫁接亲和力高。

①种子的采集与处理　应选择从 10～15 年生、生长健壮、无病虫害的母树上采种（要求果实必须充分成熟后才能采集）。采集后，应立即将果实浸在水中搓洗，弃去果肉、果柄，漂去秕种及其他杂物，随后捞出种子于阴凉处晾干备用。待种皮稍干后应立即将种子混以 3 倍湿沙，进行层积贮藏，沙的湿度以手握成团、松手即散为宜。完成后熟后，种子便具备了萌芽的能力，当春季地温回升后，将种子取出移入 20℃以上的室内进行催芽处理，当有 50% 左右的种子开壳后，即可播种。

②播种及播种后管理　播种期分为春、秋两季，通常采用春季播种。春季播种发芽率高，栽培管理期短；播种时间为土壤解冻后，即 3 月中旬至 4 月下旬。秋季播种应在土壤冻结之前，播种方法有条播和点播。点播株距以 5 厘米为宜，每穴 5 粒以上种子，播种深度 2～3 厘米。播种后覆盖 5～6 厘米厚的湿沙，盖沙后覆上地膜保墒，提高出苗率。待种芽破土时，在地膜上扎通风口。每 667 米^2 播种量以 8～10 千克为宜。

播种后至出苗前这一时期主要是肥水管理。当砧木苗出土后，应注意避免低温、高温、干旱、水涝及病虫危害；嫩枝木质化后，应追施速效肥料。每 667 米^2 追施尿素 5 千克、磷酸二铵 5 千克，共追 2 次。每次追肥后要及时灌水。可对幼苗适当蹲苗，及时进行移植、间苗或定植。

（2）分株育苗　草樱桃的根茎周围易产生大量根蘖苗，生产中常通过分株繁殖将其作为甜樱桃的砧木利用。

其方法如下：在春、夏季，将根系周围长出的根蘖苗培 30 厘米左右厚的土，使其生根；秋后或翌年春发芽前把生根的萌蘖从植株上分离，集中定植或栽到苗圃地培养，以供甜樱桃嫁接。栽植株距以 6～7 厘米、行距 60～70 厘米为宜，栽后灌 1 次大水，以便坐苗。待芽萌动后，再灌 1 次大水。每次灌水后，要及时中耕。分株育苗繁殖系数高。

（3）扦插育苗

①硬枝扦插

第一，插条的选择。插条应在品种优良、生长健壮、没有病虫害的母树上，尤其是在实生幼苗上选取，最好是取树冠外围生长健壮、芽充实饱满、无病虫害的 1 年生枝作插穗，或近地面生出的萌芽、萌蘖枝条。

第二，采条时期。采条多在休眠期进行，插条可结合冬剪，将剪下的枝条贮藏保存，春季进行扦插；也可春季随采条随扦插。

第三，插穗的贮藏。将采集的插穗剪成 15～20 厘米长的小段，每 50～100 条一捆。在地势高燥、排水良好的背风地，挖深 50～100 厘米的沟。沟的长短，根据地形和插穗的多少而定。沟底铺 5 厘米厚的湿沙，沟内每隔 1 米插一束秸秆，秸秆高出沟面 20 厘米左右，以便通气。将成捆的插穗，小头向上，单层竖立排放，或一层插穗、一层湿沙分层竖立排放在沟内，至距沟沿 20 厘米时为止。最后用湿沙封沟，并在其上盖屋脊形土堆越冬。贮藏期间定期检查插穗温度、湿度，防止霉烂、干枯。贮藏应在土壤冻结前进行，第二年春天土壤化冻后取出扦插。

第四，扦插。

扦插时间：春、秋季均可，以春插为主。

扦插密度：高畦扦插，每畦 2 行，行距 30 厘米左右，株距 15 厘米左右；高垄扦插，垄高 10 厘米左右，垄距 30 厘米左右，株距 10 厘米左右。

扦插方法：保护插穗下切口的皮层或已形成的愈伤组织和幼根，是提高扦插成活率的关键。硬枝扦插多采用高畦宽行扦插和高垄扦插。为提高出苗率，可在插前将插条基部浸入 ABT 生根粉 100 毫克/升中 2～6 小时；随后将插穗呈 60° 角斜插入畦或垄内，注意倾斜方向要一致；最后覆土，覆土厚度以埋过顶芽 2～3 厘米为宜，外露 1 芽。在发芽期间适量浇水，但次数不宜过多，以防地温偏低，影响生根。

②嫩枝扦插

第一，枝条的采集。从生长健壮、无病虫害的母树上选取当年生半木质化枝条作插条。枝条不宜过嫩或过硬，过嫩易失水干枯，过硬则生长素含量降低，抑制物增多，生根困难。采条时间一般在 5 月中旬至 8 月上旬。采条阴天最好，如果是晴天则应在清晨或傍晚进行。

第二，插穗的处理。插穗可选用半木质化的当年生新梢，粗约 0.3 厘米；插穗过粗不易生根，过细营养不足，生根也不好。将插条剪成 4～10 厘米长、含 2～4 个节间的插穗。摘除其下部叶片，只保留顶部 2～3 片叶。插穗切口要平滑，下切口应在叶或腋芽之下 0.1～0.3 厘米处。

第三，扦插时期。甜樱桃嫩枝扦插易在新梢未全木质化之前进行，时间一般在 6～9 月份，此时期新梢木质化程度不高，生命力较强，成活率高。扦插要避开雨季，以免因水分过多导致烂条现象。

第四，扦插方法。嫩枝扦插，应随采条、随制穗、随扦插。扦插基质则采用消毒的河沙、蛭石、珍珠岩等。将基质铺在苗床上，厚度 20 厘米左右，以保证排水通畅。扦插前床面用 0.5% 高锰酸钾溶液消毒备用。扦插时，将插条基部剪成斜面，蘸生根粉，呈 70°角斜插入基质中，深度宜浅不宜深，以能固定插穗为好。扦插的组织细嫩，一般会提前在基质上开缝，后把插穗插入。扦插最好在大棚内进行或采用弥雾装置保持空气相对湿度 90% 以上、温度 30℃左右。插穗生根后，逐渐降低室内或棚内空气湿度，增加光照和通风量，并结合药剂防治病虫害。

③扦插苗的管理

第一，移栽。待新梢长出 10 厘米左右时，嫩枝扦插苗即可移栽。可将其先移栽到营养钵中进行炼苗，然后选择阴雨天气移栽到大田。

苗木移栽后要及时浇水，并进行遮阴，以保证扦插苗的成活率。

第二，水分管理。扦插后立即灌1次透水，使插穗和基质紧密结合。经过10～15天，枝条开始发芽，基部切口长出愈伤组织时，浇水量应逐渐减少，以便发根。如果未生根之前地上部已展叶，则应摘除部分叶片。扦插苗要求空气湿度较大，一般在60%以上为宜。

第三，温度管理。早春地温较低，需要覆盖塑料薄膜增温催根。夏、秋季地温高，气温更高，需采取降温措施，如喷水或遮阴。

第四，土壤管理。土壤板结时要及时松土，及时除草，以减少其水分、养分的损耗。

第五，追肥。扦插苗生根发芽成活后，插穗内的养分已基本耗尽，这时需要供应充足的肥水，以满足苗木生长对养分的需要，可采用叶面喷肥，或结合灌水施速效肥。

5. 优良砧木与接穗的选择原则有哪些？

（1）优良的砧木

①**抗病虫**　选育抗病虫能力强的品种，关键是严格筛选抗病虫的种质资源。

②**树形好**　采用矮化砧可控制树形，矮化品种更方便覆盖，使树体免受冰雹、雨水和鸟类的侵害。选择适合当地栽培的优良砧木是甜樱桃栽培成功的关键。在甜樱桃育苗基地和生产基地，最重要的则是看砧木是否抗根癌病及是否有病毒病。

③**耐低温**　甜樱桃喜温不耐寒，低温往往成为影响甜樱桃分布范围的最重要因素。因影响甜樱桃产量最严重的是早春的霜冻，所以选育的砧木品种应具有很强的抗寒性。

④**固地性强**　甜樱桃根系发达，须根多而密集，耐干旱，固地性强，抗风力强；土壤适应性强，轻质土壤、黏土均适宜栽种。

⑤**树势强**　开花结果正常。

⑥**早果性和丰产性好**　砧木应与接穗亲和力强；对栽培地区的环境条件适应能力强，抗性强；对接穗的生长、开花、结果、寿命

能产生积极的影响。砧木可选用实生苗，也可用营养繁殖苗，但以实生苗为好。

（2）优良的接穗　接穗的质量直接影响到嫁接的成败和苗木的质量，须谨慎选择。一般都是选择品质优良纯正、生长健壮、没有病虫害的植株作采穗母树。

6. 什么时候是嫁接适期？

嫁接适期分2个时期，即当年秋季和翌年春季。嫁接方法分芽接和枝接，芽接包括带木质芽接和改良"T"形芽接。生长期多采用芽接法，休眠期多采用枝接法。

7. 嫁接中的芽接法如何操作？

芽接操作简便，成活率高。春、夏、秋3季均可进行，但以秋接较多。常用的芽接方法有带木质芽接和改良"T"形芽接。

（1）带木质芽接（又称嵌芽接）　带木质芽接是繁育甜樱桃苗最佳的一种嫁接法。带木质芽接法对嫁接时期和接穗条件要求不严格，易于掌握，一般成活率在80%～90%。此法嫁接时期在春季萌芽前或7月中下旬至8月上旬进行。嫁接前10天左右，将苗圃地浇1遍水，可提高苗木嫁接成活率。嫁接后不要立即浇水，以免引起嫁接处流胶。带木质芽接具体操作方法如下。

①削芽片　先在接穗叶芽的下方约0.5厘米处斜横切一刀，深达木质部；再在芽上方1.5～2厘米处向下斜切，深达木质部2～3毫米，削过横切口，取下带木质的芽片，芽片呈盾形。

②削砧木　在砧木基部离地面5～10厘米处，选一光滑的皮面横斜切一刀，再由上而下斜切一刀达横切口，深度2～3毫米，长度和宽度与芽片相等或略大即可。

③结合　将削好的芽片插入砧木的切口内，使形成层密切吻合。若砧木粗度大于芽片，则要保证一侧的形成层对齐。

④绑扎　插入接芽后，用塑料条紧密绑扎即可。

（2）**改良"T"形芽接** 改良"T"形芽接的适宜时间在 6 月上旬至 6 月下旬。掌握芽接时间是提高成活率的关键之一。嫁接过早，接穗幼嫩，皮层薄，不易成活。嫁接过晚，枝条多已停止生长，接芽护皮不易剥离。改良"T"形芽接的接芽宜选用健壮枝条上的中部充实芽。具体操作方法如下。

①**削芽片** 在枝条上选择饱满的腋芽，在接芽的上方 0.5 厘米处横切一刀，刀口宽度为接穗直径的一半，再从芽的下方 1.5 厘米处，由浅入深向上削入木质部至上切口处，轻轻往上一翘，然后用手捏住芽片一侧取下 2 厘米大小的盾形芽片。

②**切砧木** 将砧木苗距地面 2～5 厘米处的泥土抹干净，选择光滑的部位，用芽接刀切一"T"形刀口，深达木质部。长度略大于芽片，然后用芽接刀柄挑开树皮。

③**结合** 用刀尖自上而下地轻轻剥开左右 2 片皮层，随即将削好的接芽插入砧木的切口，使接芽上端与砧木横切口对齐贴紧，但需露出芽片上的芽及叶柄。

④**绑扎** 用塑料条绑扎，从芽的上方开始，逐步向下，使芽片的叶柄和芽外露。芽片上缘和切口横线密接，绑严即可。采用"T"形芽接法嫁接甜樱桃，对嫁接技术和接穗等要求比较严格，必须熟练掌握，才能提高成活率。

8. 嫁接中的枝接法如何操作？

（1）**切接法** 切接法是枝接中常用的一种嫁接方法，适用于较小的砧木。接穗长 5～10 厘米，带有 2～3 个叶芽。首先，用切接刀在接穗的基部没有芽的一面起刀，削成一个长 2.5 厘米左右的平滑长斜面，一般不削去髓部，稍带木质部较好。在接穗另一面削长不足 1 厘米的短斜面，使接穗下端呈扁楔形。削面要平整、光滑，最好一刀削成。其次，将砧木在距地面 15～20 厘米处剪断，从断面的一侧切一纵口，深约 3 厘米。再次，将削好的接穗长斜面向里插入砧木切口中，两边形成层对齐，接穗削面上端要露出 0.2 厘米左右，即俗称"露白"，以利于砧木和接穗愈合生长。最后，将接口绑扎，松紧要适度，并培土保湿。

（2）劈接法　劈接法适用于砧木较粗大而接穗细小的嫁接。嫁接时根据需要在砧木的基部向上 10～100 厘米范围内截去砧木上部，并把截面削平，用劈接刀从砧木的截面中心垂直向下切入砧木，深 3～4 厘米。注意在剪锯砧木时，至少要保证在剪锯口下 5～6 厘米内无节疤，留下的树桩表皮光滑、纹理通直，否则劈纹扭曲，嫁接不易成活。在接穗下端，顶芽同面的两侧各削一个向内的削面，削面长 3～4 厘米，使接穗下部形成外宽内窄的楔形，即有顶芽的一侧较厚。将窄面向里迅速插入砧木劈口中，使二者形成层紧密接触，然后绑扎即可。

为了提高嫁接成活率，砧木较粗的情况下也可在砧木劈口的左右侧各接 1 穗；或在粗大砧木上交叉劈两刀，接上 4 个接穗，成活后选留发育良好的 1 枝。

（3）腹接法　腹接一般在 4～9 月间进行，指在砧木的腹部进行枝接，砧木不去头，等嫁接成活后再剪去上部枝条。接穗的削法与切接相似，即在接穗下端的一侧，削一光滑的削面，长 2 厘米，另一侧削成 1～1.5 厘米的斜面。削砧木时不剪断砧木，在砧木根际茎干的平直光滑处斜切一刀，长 2.5 厘米，深及木质部，呈盾形口，也可稍带木质部垂直向下切（切口不宜超过髓心）。迅速将接穗插入砧木切口，并对准形成层，用塑料条绑扎即可。如不成活可再进行补接，待接穗成活后再剪砧。

（4）舌接法　舌接法是用于砧木与接穗粗细相近时的嫁接方法，粗度在 1～2 厘米，多在早春进行。其方法是：将砧木上端削成 3 厘米长的斜面，再在斜面由上向下 1/3 处竖直下切 1 厘米左右的切口，呈舌状。将接穗平滑处削长 3 厘米的斜面，再从斜面由上而下 1/3 处竖直下切 1 厘米左右的切口，呈舌状。将两者舌状部位交叉，然后绑扎即可。

9. 嫁接苗接后如何管理？

（1）**适时解绑**　嫁接后 15 天左右检查接芽是否成活，如果接芽新鲜，并有所膨大，表明嫁接苗已成活。对未成活的接芽应及时补接，成活者一般 25 天左右即可解绑条，过晚会影响接芽萌发。

（2）**剪砧除萌**　嫁接成活后或春季萌芽前，在接芽上方 1 厘米处剪砧。砧芽萌发时，要及时抹除砧木上的萌芽，以促使接芽萌发、生长。之后，还要连续除萌 3～4 次。当新梢生长到 20 厘米以上时，应在嫁接苗木旁插一支柱，用麻绳或塑料薄膜带将新梢绑缚固定在支柱上，以防被风吹折新梢。

（3）**肥水管理**　为了促进苗木生长，要加强肥水管理。根据苗木生长情况及时浇水、追肥。前期管理以氮肥为主，后期以磷、钾肥为主。每次追肥后都应浇水，并经常中耕除草。此外，整个生长季还可进行 2～3 次根外追肥。为提高苗木的越冬抗寒能力，防止枝条抽干，生长后期要适当控水、控肥，以免苗木贪青徒长，组织不充实。

（4）**立支柱绑缚**　嫁接芽萌发后生长迅速，由于其木质软，极易弯曲或风折，故当接芽长到 20～30 厘米时，应及时设支柱绑缚。将接口部固定在支柱上，用绳子进行分段绑缚。

（5）**病虫害防治**　苗木生长期间，要搞好病虫防治工作。嫁接芽萌动后，要严防害虫小灰象甲。小灰象甲既可人工捕捉，也可用 80% 敌百虫晶体做成毒饵进行诱杀。6～7 月份可选用 2.5% 溴氰菊酯乳油 2 500 倍液防治梨小食心虫危害。7～8 月份喷 1～2 次 65% 代森锌可湿性粉剂 500 倍液，或 40% 代森锰锌可湿性粉剂 600～800 倍液，或硫酸锌石灰液（硫酸锌 1 份，消石灰 4 份，水 240 份，充分混匀），预防细菌性穿孔病，防止嫁接苗木早期落叶。对于卷叶蛾、刺蛾等害虫，则可喷 25% 灭幼脲 3 号乳油 2 000 倍液防治。

（6）**根部坏死的处理**　主要是针对立枯病、根茎腐烂病而言。立枯病可用甲基硫菌灵、百菌清等喷雾防治（具体防治见第九章相关内容）。腐烂病发病部位多从根茎开始，并逐渐蔓延到粗大侧根。该病可破坏根部皮组织，使根部溃疡，最后腐烂，从而导致树势衰弱，严重时整株树死亡。防治方法：一是及时检查树根，刮除病斑，用波尔多液消毒。二是加强树体管理，增强抗病能力。三是选择抗病力强的中国樱桃等作为砧木。

10. 苗木出圃时注意事项有哪些?

一般在苗木落叶后土壤封冻前进行起苗出圃，起苗时要尽量保持根系完整。若土壤过干，应提前4～5天灌水。先剔除病苗和嫁接未成活苗，然后根据苗干高矮、粗细以及根系发育状况等进行分级。用于当地建园的苗木，可直接进行定植。留待翌年春建园的苗木，可选择背风而不积水的地方，挖深1米左右的假植沟，将苗木斜放在内，然后培土至苗高2/3处假植起来。

包装外运的苗木，可按等级将每50～100株同级苗扎成一捆，其根部用湿润草包包裹，以防根系失水。在每捆苗木上系好标签，注明品种、规格和数量后，即可外运出圃。为保证出圃质量，要求苗木品种纯正，砧木类型正确；地上部枝干健壮，芽体充实饱满，具一定的高度和粗度；根系发达，须根多，断根少；接口愈合良好，无检疫病虫害及机械损伤。

五、甜樱桃建园

1. 露地栽植园的园地选择标准是什么?

（1）**地点的选择** 俗话说："雪下高山，霜打洼"，就是指低洼的地方容易受霜冻危害。甜樱桃开花早，很易受霜害。选择一个良好的园地，对于果园日后的发展至关重要。一般把园址选在空气流通、地形较高及春季温度回升较缓慢的地方，以推迟樱桃的开花期，避开霜冻危害。河床、坝地一般不适宜栽樱桃树，因这些地区易汇聚冷空气，很可能使其遭受霜害或冻害。樱桃树也不能在距谷底15米以下的地方栽植，因为谷底的冷空气排出很慢，而且在这种条件下，海拔每提高100米，最低温度常相差1℃，这种差别有时会直接影响樱桃的产量。在无霜害的平地，或2千米内有较高温度的干净水源，均适宜建园。但为保证通风良好，建立樱桃果园还是以较高爽的地点为好。

（2）**土壤条件** 园地质量的好坏直接影响幼苗的生长和苗木的质量。甜樱桃不抗旱，根系不太发达。建园时要选择土壤肥沃、疏松、保水性较好的沙质壤土，不宜在沙荒地和黏重土壤上建园，同时园区周围一定要具备灌水条件。

甜樱桃一般根系较浅，容易被大风吹歪或吹倒，园址应选背风向阳的地块或山坡，并重视营造防风林。

（3）**水分条件** 甜樱桃不耐涝，也不耐盐碱，因此要选择雨季不积水、地下水位低的地块建园，盐碱地不宜建园。

灌水的方法，一般采用畦灌和树盘灌。对于有根癌病的地区，要单株分灌，以防止土壤根癌病菌互相传染。要积极推广采用喷灌、滴灌和微喷灌，尤其是地下水缺少的地区。

（4）交通运输条件　甜樱桃的园址应选在交通方便的地点，最好是大城市郊区，这样能方便市场销售，做到新鲜樱桃早上市，从而提高其经济效益。此外，樱桃果实美味又美观，深受人们喜爱，因此近郊樱桃园也很适宜发展成观光果园，从而进一步提高经济收益。

2. 露地栽植园的园地规划原则有哪些？

园址选择后，还需要对园地进行统一规划。一般将果园划分成几个作业小区，作业区的长边应与当地主害风向垂直。为了便于运输，要有贯通全园的道路，并设置不同宽度的大路、中路和小路；要设防风林，特别是主风害的方向，一般林带应与主要风害的方向垂直，科学、合理、完善的防风林可改变果园小气候，减轻自然灾害；另设灌水和排水系统、管道施药系统，以及机械化喷药的设备等。

3. 露地栽植园如何选择主栽品种？如何配置授粉树？

（1）品种选择　我国甜樱桃的栽植大多数是在新发展的果区，这样就更容易规划和协调。从品种上来说，最重要的就是发展最优良的品种，做到高起点，这就要求苗木繁育场一定要发展最优质的苗木，为生产单位服务。

生产甜樱桃时，首先要考虑市场的需要，即考虑甜樱桃的主要经济性状，对可能出现的不良性状，可通过品种间的合理搭配以及综合运用栽培技术予以克服。一般甜樱桃需具备以下一些优良性状：果实大、浓红色、艳丽，肉质硬，味甜少酸，风味好；品种早熟，早期丰产；抗裂果，耐低温，宜运输，鲜食、加工兼用等。然而，在实际生产中，任何品种都不可能十全十美。例如，肉质硬度大的品种，贮藏性能好，但往往容易裂果；色泽鲜红、商品价值高的品种，鸟害严重；果实大的品种受市场欢迎，但容易碰压损伤。

因此，在选取品种时要抓其主要性状，综合考虑。此外，不同地区生态条件差别较大，生产中可能出现的问题也不尽相同，在选择品种时还要考虑当地的生态环境条件。

①**成熟期**　在成熟期方面，甜樱桃与其他果树相比，成熟期早，即上市早，这是一个极大的优势。因此，甜樱桃品种选择时，以成熟期早的品种为主。但晚熟品种往往品质更好，所以为了调节市场，延长甜樱桃的供应期，也应发展一定数量的中、晚熟品种，而且这样安排也能使果园采收时间不过于集中，便于安排劳动力。一般樱桃园品种的比例可以考虑为6∶2∶2，即60%早熟品种，如红灯、意大利早红、芝罘红等；20%中熟品种，如佐藤锦、红蜜、红艳等；20%晚熟品种，如滨库、雷尼、拉宾斯、先锋等。

②**色泽**　根据色泽，甜樱桃可分为紫、红、黄3类，或者分成深色和浅色两类。从我国市场情况来看，人们更喜爱深色品种，如深红色或紫红色，而黄色品种竞争力较差，因此在种植时应以深红色品种为主，如红灯、早大果、芝罘红、先锋、滨库、拉宾斯等。但黄色品种中不乏一些丰产、果大、肉硬、风味好的优良品种，如佐藤锦、雷尼、红蜜等，也可适当发展。

③**单果重**　在重量方面，甜樱桃单果重一般都在5克以上，最大果重可达20克，多数品种单果重在9～11克。种植时，要尽量发展大型果。目前，随着杂交育种工作的进展，大型果的品种逐步增加，目前大型果的品种有红灯、早大果、意大利早红、萨米脱、滨库、雷尼等。

④**风味**　在风味方面，甜樱桃顾名思义，应该以甜为主、以酸为辅，甜酸适口，风味上佳。在众多品种中，佐藤锦风味最佳，布鲁克斯、红宝石甜味浓，芝罘红、雷尼、红丰、黄玉、滨库、先锋等风味上等。从河北省保定地区表现来看，红灯的品质超过了老品种那翁，但是采摘时需注意让其成熟度高一些。

⑤**丰产性**　在丰产性方面，从已有栽培品种表现来看，芝罘红、红蜜、红艳、雷尼、红灯、红丰、那翁、拉宾斯、斯坦勒、先

锋、佐藤锦等在正常年景都能做到丰产，但那翁、拉宾斯、斯坦勒、先锋等品种花期若遇低温则坐果率很低，表现出不抗低温。

⑥抗裂果性　裂果是影响果实品质的重要因素，在抗裂果方面，当前栽培品种中，早熟种一般都表现不裂果或裂果轻；中熟和晚熟品种，如红丰、红艳、那翁等裂果比较严重。据资料介绍，拉宾斯、萨米脱、斯坦勒等品种都是抗裂果品种。

（2）配置授粉品种　栽植甜樱桃时，须选良好的授粉树一起种植。以那翁、滨库为主栽品种时，可配黄玉、大紫为授粉树；以红灯、大紫为主栽品种时，可配那翁和黄玉为授粉树。但那翁与滨库两品种间相互授粉后表现不亲和，而佳红和巨红两品种能互为授粉树。斯坦勒、拉宾斯两个品种花粉多、亲和性强，是良好的授粉品种，可供选用。樱桃园中的授粉树一般应占30%～40%的比例。此外，供制罐用的甜樱桃还应选大果、肉硬的黄色品种，如那翁、香蕉、雷尼等。

甜樱桃属异花授粉品种，自花授粉不能结实，或结实能力很差。目前，国际上正在重点培育有自花结实能力的品种，研究成功的有拉宾斯、斯坦勒等，但比例还很少，即使其能自花结实，也不如异花授粉坐果率高。所以，生产上发展果园时一定要配置授粉树。优良授粉树应具备以下条件：一是能与主栽品种同时开花，并能产生大量高质量的花粉；二是能与主栽品种互为授粉树，授粉后结实率高，且具有较高的经济效益；三是能适应栽培地区的环境条件。

甜樱桃的花粉量不是很大，所以授粉树的比例应该大一些，只有配置足够的授粉树，才能保证甜樱桃授粉受精的要求。在成片的樱桃园中，可选择3～4个甚至更多品种混栽。如果授粉品种比较少，则要求将授粉品种种在行间，因为蜜蜂飞行时，一般是顺行飞行，所以同一行的授粉更为有利。如果甜樱桃预选的两个品种都比较好，则可选两个主栽品种互相授粉。

主栽品种的适宜授粉组合见表5-1。

表 5-1　甜樱桃主栽品种的适宜授粉品种组合

主栽品种	授粉品种
红 灯	拉宾斯、红艳、红蜜、大紫、滨库、巨红、那翁、早红宝石
先 锋	拉宾斯、那翁、滨库、雷尼、早大果、龙冠
莫 利	拉宾斯、先锋、红灯、早红宝石、那翁
早大果	先锋、早红宝石、抉择
美 早	拉宾斯、先锋、雷尼尔、红艳
拉宾斯	先锋、雷尼尔、大紫、滨库
那 翁	拉宾斯、先锋、雷尼、大紫、滨库、巨红
大 紫	红灯、那翁、滨库、芝罘红

4.露地栽植的苗木密度以多少为宜？栽植方式有哪些？

（1）栽植密度　栽植密度要考虑到立地条件、砧木种类、品种特性及管理水平等因素。一般立地条件好、乔化砧品种生长势强时，樱桃树的栽培密度要小一些；山地果园，矮化砧，品种生长势弱时，则栽植密度就稀一些。目前，老果园多为 4 米 × 5 米、5 米 × 6 米、6 米 × 7 米，每 667 米^{2}栽 16～33 棵，但这种密度的果园早期产量低，且植株高大，不抗风灾。为了合理利用土地，充分利用光能，提高甜樱桃早期产量和增强植株群体抗风能力，新建甜樱桃园应适当密植为 2～3 米 × 4 米，每 667 米^{2}栽 44～83 棵。主栽品种与授粉品种的比例大致为 3∶1 的排列方式。具体实施时，栽植密度还要依土壤肥沃情况、浇水条件等适当增减。

（2）栽植方式　栽植方式主要有长方形栽植、正方形栽植、带状栽植和等高栽植。不同的栽植方式要根据不同的地形而定。平地建园宜采用长方形，即行距宽，株距窄。宽行密植的优点是光照条件好，且行间可以开进打药机及小型运输车，便于机械化操作，省人工。另外，在定植果树后的 1～3 年，可以种一些间作作物，行间较宽利于间作物的生长，以后也可以间作绿肥。

栽植行的方向要求南北向,这样上午和下午可以充分利用阳光,使光照能照到树的下部,中午光照过强,有一部分可以被行间的作物或绿肥利用。山坡丘陵地栽植时,要采用等高梯田栽植法。较窄的梯田,可栽1行;梯田面宽时,可适当多栽几行。又因梯田外堰土壤比较深厚、空间大、光照好,所以也可在梯田外堰种1行,里面间作作物。

5. 露地栽植苗木的技术要点有哪些?

苗木可秋植或春植。苗木栽植后立即浇1次透水,然后培土保墒或用地膜覆盖树盘,这样有利于提高栽植成活率和植株早期生长。甜樱桃树冠较大,株行距宜在4~6米。瘠薄之地栽培或矮化栽培时,可适当缩小株行距。

（1）栽植时间

①**春栽**　北方的冬季低温、多风、干旱,容易将树苗吹干,所以甜樱桃树最好选择春栽。一般在早春土壤解冻后栽植,但各地栽植的具体时期以物候期为准,即在樱桃苗的芽将要萌动前种植。河北省保定地区的栽植时间约在3月中下旬。

②**秋栽**　一般是在10月末至11月中旬（土壤封冻前）进行。秋末冬初栽植有利于根系愈合,而且开春时根系活动早,可早分生新根,使树体更早进入生长期。但由于甜樱桃抗寒力弱,如果栽后及冬季防寒措施不到位,就会发生抽条或冻害,使成活率降低。栽后可将1年生苗木弯成45°左右,进行培土覆盖,春季气温升高后,去掉培土,进行定干。

（2）**高垄栽植**　甜樱桃特别怕涝,在华北地区虽然年降水量不大,但是降雨主要集中在7~8月份,一场大雨往往会把樱桃树淹死。为了防止内涝,利于排水,保证根系土壤通气,可进行高垄栽植。方法是:用推土机推出垄和沟,或者用拖拉机开深沟,再人工整地,形成2~3米宽的垄,垄比沟高20~30厘米,将树种在垄的中央即可。这种方法不但有利于排涝,保证根系处不积水,而且使表土增厚，特别有利于幼树的生长。

（3）**栽植方法**　在甜樱桃栽植前，山地果园及平原土壤贫瘠地区要挖较大的定植坑（最好在前1年挖好），要求坑的直径1米、深80～100厘米。将碎树叶、作物碎秸秆、杂草等与周围的表土混合，回填入坑内，并混入一定量的有机肥和复合肥，将坑填平。平原土壤肥沃深厚的地区，整地成高垄后，一般不必挖大坑，可挖直径50厘米、深50厘米的穴，施入有机肥和复合肥后，用表土填平，以备春季栽种。春季栽苗时在已挖坑的中央，挖一个与根系大小相适应的小穴，采用"三埋两踩一提苗"技术进行栽植，即先在坑中施两锹土杂肥，再将树苗放在穴中，填上疏松的表土，埋土后提动树苗，使根系四周与土壤密接，同时使根系伸展，而后踏实，要求踏实后树苗的栽植深度和树苗在苗圃中的深度相同，切忌栽植过深。最后在树苗四周筑土埂，整好树盘，随即浇水。

（4）**地膜覆盖**　北方地区的春季常常干旱，甜樱桃栽植后，浇水非常费工，且灌水会降低地温，减少土壤的孔隙度，不利于根系生长。所以，甜樱桃往往要求起垄栽植，而后在树苗两边铺两条地膜，两边用土压好。地膜覆盖的优点很多，一是土壤保墒，一般覆盖地膜后，春季可以不必再浇水，省水省工；二是可以提高地温，早春种树时地温比较低，根系活动困难，而地膜覆盖能提高地温5℃左右，可促进根系活动，这样不但能确保栽植的成活率，而且可使幼苗提早发芽和生长。地膜覆盖还能抑制杂草，减少田间管理工作。

（5）**起高垄盖地膜**　甜樱桃用高垄种植，加地膜覆盖，则1年生苗木的生长量比普通栽植的树要大1倍左右，树冠圆满并可提早结果。施足肥水、高垄栽植、地膜覆盖等各项措施的应用，可为幼树成活后良好的生长发育打下基础。

6.露地栽植苗木的管理措施有哪些?

（1）幼树的管理

①**整形修剪**　幼龄期甜樱桃树生长旺盛，在整形上一般采取自

然开心形和疏散分层形，主干高以 50～60 厘米为宜。整形手段以摘心、抹芽和拉枝为主，采取缓放方法加速树冠的形成，并用疏剪方法形成合理树形，及早疏除直立强枝、位置不当的长果枝。

②**肥水管理** 以基肥为主，结合秋耕在 9～10 月份进行。翌年3 月份结合浇水，开沟施入化肥，幼树每株施 0.25～0.5 千克尿素、磷酸二铵混合肥。有条件的甜樱桃园，还应在生理落果后的果实迅速生长期根外追肥 1 次，此次可与防治病虫害时的喷药一起进行。此外，在甜樱桃落叶后封冻前和果实迅速生长期各灌水 1 次。雨季要注意及时排水。在水源缺乏的地区，穴贮肥水效果更好。

③**病虫防治** 此期主要防治樱桃球坚蚧和樱桃瘤病。樱桃球坚蚧防治方法：樱桃树早春发芽前喷 5 波美度石硫合剂或含油量为 5%的柴油乳剂，或 5～6 月份在幼虫孵化期用 10% 吡虫啉可湿性粉剂1 000 倍液喷雾，或在 3～4 月份介壳虫盛行期进行人工杀灭。甜樱桃瘤病防治方法：当梢、叶初显病症时及时剪除，并集中烧毁。

（2）成年树管理

①**整形修剪** 甜樱桃植株结果 2～3 年后进入盛果期，此期其生长势有所缓和，应对延长枝和发育枝适当加重短截。短截时按"强枝少剪，弱枝多剪"的原则，一般剪去量为当年生长量的 1/3～1/2。修剪时应重点注意以下情况：一是剪除密生和荫蔽枝，以利通风透光。二是开花后将未结果的枝条自节下 3～4 厘米处剪除，以促发翌年结果枝。三是采果后将弱枝及无用枝从基部剪除，结果枝则从有健壮芽处剪除。四是衰老树根据情况，在主枝或侧枝中部缩剪，以刺激潜伏芽萌发，选留健壮枝。五是衰老树内膛发生的徒长枝应尽量保留，适当短截，促其抽生结果枝，以防树内膛空虚。

②**肥水管理** 进入盛果期的甜樱桃树在开花期和果实膨大期各追肥 1 次，追肥以有机肥为主，控制氮肥施用量，每株施腐熟的农家肥 30～50 千克，在花期及果实期各喷施 1 次 0.2%～0.4% 尿素、0.5%～1% 过磷酸钙、0.3%～0.5% 磷酸二氢钾溶液。秋施基肥，每株施优质粗肥 50～100 千克。在果实膨大期、树梢萌发期和花芽

分化期，若遇干旱要及时灌水。采果前15天应停止灌水，保持土壤干燥，提高果实的品质和耐贮性。

③**控长促花** 在5月末和6月初叶面喷布15%多效唑可湿性粉剂200倍液1～2次，可抑制树体生长。秋季喷50～200倍液的赤霉素或0.5%尿素，可使落叶期推迟8～12天，并能提高坐果率。

④**病虫害防治** 主要病害有甜樱桃疔病。防治方法：及时摘除甜樱桃疔病叶，烧毁或深埋，捡拾树下的落果深埋。主要虫害有甜樱桃仁蜂和甜樱桃果象虫。防治方法：甜樱桃仁蜂的防治，于5月份其幼虫期喷2.5%溴氰菊酯乳油或20%氰戊菊酯乳油2500倍液；被甜樱桃仁蜂危害的落果，及时捡拾深埋。甜樱桃果象虫的防治，则主要是在开花期人工捕捉成虫或勤拾落果，并及时销毁。

7. 设施栽植时的园址选择原则有哪些？

日光温室大棚首先要挑选土壤比较肥沃、土层比较深厚、有机质含量高的地块进行建造。选择背风向阳、光照充足、地势平坦、排灌方便、土层深厚肥沃、土质疏松的壤土或沙壤土地块建园。排水供水比较便利、交通也比较便利的地方更适合建造日光温室。

8. 设施场地如何规划？

地块选好以后，要对其总体规划格局。首先要确定日光温室大棚的走向。日光温室三面有墙，因为南墙要朝向阳面，采光性能才较好，保温也更佳，所以日光温室大棚建造时一般多为东西延长。一般日光温室大棚的合适长度以80米为宜，最长不要超过150米；日光温室大棚的宽度以8～10米为宜。在规划格局过程中，还要考虑温室与温室之间的间隔距离。温室与温室之间的间隔距离如果过小，前边的温室就会遮住后面温室的光线，后边温室的采光效果会受到影响。可依据棚内高度和棚内宽度来确定相邻温室之间的间隔距离，相邻温室之间的间隔距离一般以前边温室的脊高为基数，温室与温室之间的间隔距离等于前边温室脊高的2.5～3倍。格局规划好以后，就可以开始建棚了。

9. 日光温室大棚如何建设？

（1）**画线** 在规划好的场地内，先放线定位，将预备好的线绳按规划好的方位拉紧，用石灰粉沿着线绳方向标出日光温室的长度，然后再确定日光温室的宽度。画线时注意，日光温室的长与宽之间要呈90°角。画好线，夯实地面后就可以开始建造墙体了。

（2）**墙体建造** 日光温室大棚墙体建造一般有两类：一类是土墙，另一类是砖墙。

①**土墙** 可用挖掘机就地取土压实筑墙，底部宽6米，顶部宽2米；切齐山墙里面，切齐后的后墙高度3.8米左右。土墙造价低廉、保温效果好，但是占地略多。

②**砖墙** 为了保障砖墙墙体的坚固性，建造时有必要开沟砌墙基：挖宽约100厘米的墙基，墙基深度一般应距原地面40～50厘米，然后填入10～15厘米厚的掺有石灰的二合土，夯实，最后用红砖砌垒。当墙基砌到地面时，为了防止土壤水分沿着墙体上返，需在墙基上面铺上厚约0.1毫米的塑料薄膜。在塑料薄膜上部垒砖砌墙时，要保障墙体总厚度为70～80厘米，即墙体内、外侧均为24厘米的砖墙，中间夹土填实，墙身高度为2.5米，用砖砌完墙体后，外墙用水泥砂浆抹平，内墙用白灰砂浆抹面。

（3）**后屋面的建造** 日光温室大棚的后屋面主要由后立柱、后横梁、檩条及上面铺制的保温材料四部分构成。后立柱，主要起支撑后屋顶的作用，为保障后屋面坚固，后立柱一般用水泥预制件制作。在现实建造中，有后排立柱的日光温室可先建造后屋面，然后再建前屋面骨架。后立柱竖起前，可先挖一个长40厘米、宽40厘米、深40～50厘米的小土坑，为了保障后立柱的坚固性，可在小坑底部放一块砖头，然后将后立柱竖立在红砖上部，最后将小坑空隙部分用土填埋夯实。日光温室的后横梁置于后立柱顶端，呈东西向延伸。檩条的作用主要是将后立柱、横梁紧紧固定在一起，它可由水泥预制件制作。檩条一端压在后横梁上，另一端压在后墙上，固定好后，可在檩条上东西方向拉 10～12 根 26 号钢丝，钢丝两端固定在温室山墙外侧的土中。最后可在全部后屋面上部铺一层塑料薄膜，再将保温材料铺在塑料薄膜上。在我国北方大部分地区，后屋面多采用草苫保温材料进行覆盖。

（4）骨架　日光温室的骨架构造可分为：水泥预件与竹木混合构造、钢架竹木混合构造和钢架构造。

①中间水泥预制件与竹木混合构造的特点　立柱、后横梁由钢筋混凝土柱制成；拱杆为竹竿，后坡檩条为圆木棒或水泥预制件。中间立柱分为后立柱、中立柱、前立柱。后立柱可挑选 13 厘米×6 厘米钢筋混凝土柱；中立柱可挑选 10 厘米×5 厘米钢筋混凝土柱；中立柱因温室跨度不同，可设 1 排、2 排或 3 排；前立柱可由 9 厘米×5 厘米钢筋混凝土柱制成。后横梁可挑选 10 厘米×10 厘米钢筋混凝土柱。后坡檩条可挑选直径 10～12 厘米的圆木，主拱杆可挑选直径 9～12 厘米的圆竹建造。

②钢架竹木混合构造的特点　主拱梁、后立柱、后坡檩条由镀锌管或角铁制成，副拱梁由竹竿形成。中间主拱梁由直径 27 毫米国标镀锌管（6 分管）2～3 根制成，副拱梁由直径为 5 毫米左右圆竹制成。立柱由直径 50 毫米国标镀锌管制成。后横梁由 50 毫米×50 毫米×5 毫米角铁或直径 60 毫米国标镀锌管（2 寸管）制成。后坡檩条由 40 毫米×40 毫米×4 毫米角铁或直径 27 毫米国标镀锌管制成。

③钢架构造的特点　全部骨架构造由钢材组成，无立柱或仅有一排后立柱，后坡檩条与拱梁连为一体，中纵肋（纵拉杆）3～5 根。中间主拱梁由直径 27 毫米国标镀锌管 2～3 根制成。副拱梁由直径 27 毫米国标镀锌管 1 根制成。立柱由直径 50 毫米国标镀锌管制成。

（5）外覆盖物　日光温室大棚的外覆盖物主要由透亮覆盖物和不透亮覆盖物形成。日光温室主要采用厚度为 0.08 毫米的乙烯—醋酸乙烯长寿膜（EVA）透亮覆盖物覆盖。这种薄膜优点非常多：流滴防雾持效期大于 6 个月，寿命大于 12 个月，应用 3 个月后，透光率都不会低于 85%。在众多的透亮覆盖物中，备受广大农户的喜爱。

利用 EVA 膜覆盖日光温室大棚，主要有两种方式：第一种是一块薄膜覆盖法，第二种是两块薄膜覆盖法。一块薄膜覆盖法就是从棚顶到棚基部用一块薄膜把它覆盖起来，从覆盖方式的优点来说，它没有缝隙，保温性能也很好；但不足之处是到了晚春的时候，棚内温度过高，需要散热时不便于降温。两块薄膜覆盖法主要采用一大膜、一小膜的覆盖方法，棚面用一大膜罩起来，顶部用一块小膜把它接起来，两块薄膜覆盖好以后，要用压膜线将塑料薄膜充分固定。需特别注意的是，压膜线的两端一定要系紧系牢。两块薄膜覆盖法的优点是冬天寒冷的季节，大棚必须密封的时候，只要把两个薄膜接缝的地方交叠起来，用重物压紧，大棚的保温性能就比较好。到了晚春季节，大棚必须通风的时候，再把两个薄膜的接缝处拨开一个小口即能通风，便于散热。

目前，也有用保温被的，此法第一年的投入比较高，但是总体算下来还是和草苫开销持平或者是略低，保温成效比草苫好，又轻巧。

此外，各地农民可依据自己的现实需要，在大棚的东侧或西侧建造 1~2 米² 的管理室，以便于以后的日常管理。

（6）土壤改良 对黏重或沙性较强的土壤可掺沙或掺黏土改良，而打破地下不透水的黏板层和淤泥层，重点则是增施有机肥。

10. 设施苗木如何培育？

（1）苗木准备 提前培养树龄在 4 年生或 5 年生以上，有一定产量的结果幼树。可直接将 1~2 年生苗木定植于预建温室地段，待其结果时再建温室。露地不能安全越冬的地区，应将幼苗先栽入容器，如木箱、泥盆、营养袋等，冬季用拱棚保温或露地挖沟贮藏，翌年春再移入露地假植培养。待假植苗木进入结果期后，再于春季定植于温室。

（2）**苗木定植** 选干高50～60厘米、芽体饱满、根系发达、无病虫害尤其是无根癌病的健壮嫁接苗定植，株行距1米×2米。定植前施一定量的有机肥。樱桃不耐涝，必须起垄栽培，垄宽1米、高0.4米，沟宽1米，沟底要有一定的坡度，以利排水。大棚四周挖深度大于垄沟的排水沟，且与垄沟相通，形成畅通的排水系统，以杜绝涝害发生。栽培时在垄上挖50厘米×50厘米×50厘米的树穴，穴内施入1千克有机肥，而后填入1锨表土，灌水。待水渗透后将苗木定植。定植后在垄上修小水堰，浇1遍小水后整个垄面覆盖宽0.9～1米的黑色地膜，以利保湿、增温并防杂草滋生。多雨时黑色地膜还可防止垄面积水，促进根系生长，增强树势。定植后将细竹竿插在苗木旁边，用细绳将苗木固定，然后将苗木拉成80°～90°角。同一行的苗木拉干时方向须一致，以便管理。

11. 设施栽培时品种选择原则有哪些？如何确定栽植密度？

应选择成熟早、自花坐果率高、果个大、果皮红色、抗裂果、丰产性好的优良品种，如红灯、早大果等品种。此外，还应考虑将休眠期需冷量相近、授粉亲和性好的品种在同一棚内栽植。同时，应按4∶1的比例配置授粉树（如拉宾斯或斯坦勒），以防自花结实率低、果实品质不高等情况。为了更经济地利用土地，早见效益，甜樱桃树苗应选择根系健壮、须根多、苗木粗壮、芽饱满的壮苗，或5～8年生、树体较矮、内膛枝较多的初结果树。砧木可选用山樱桃实生砧，并用矮化砧作中间砧。

棚内壮苗栽植密度应控制在株行距1米×2米或2米×3米，壮苗树的株行距可控制在3米×4米。

12. 怎样调控设施环境？

（1）**覆盖时间** 常规管理时，温室覆盖时间为10月初霜冻后第二天，塑料大棚为11月中下旬土壤封冻前。覆盖后，保持室内温度在0℃～7.2℃，温度高时，夜间打开通风装置或卷起草苫降温。

（2）**揭苫与升温时间** 温室内低温量（0℃～7.2℃）累计达1 200小时后开始揭苫升温，草苫昼揭夜放。无草苫覆盖的塑料大棚应于春节后覆膜、升温。

（3）**温、湿度调控** 温度高时，开通风装置降温。湿度大时除开启通风装置降湿外，还可适量放置生石灰降湿；湿度小时向地面喷水增湿。

（4）**气体调控** 揭苫后在不影响温度的前提下及时开启通风装置使室内空气流通。有条件的可在晴天日出揭苫后尚未通风换气前，以及下午关闭通风装置至日落前放苫时，通过施用固体二氧化碳肥料或二氧化碳气肥；利用煤炭、沼气等充分燃烧放出二氧化碳等措施，增加室内二氧化碳浓度，满足光合作用的需要。

（5）**光照调控** 在不影响室内温度的情况下，覆盖物尽量早揭晚放，以延长光照时间。花期和果实成熟期遇连续阴雨天时，用灯光补充光照，并经常擦洗棚面灰尘，保持棚膜清洁透明。

（6）**覆盖物撤离** 采收后当外界气温不低于10℃时，夜间不覆盖；不低于15℃时，选择阴天或多云天逐渐撤膜，此期间通风炼苗时间为15～20天。

13. 设施苗木栽后需要哪些管理措施？

（1）**花果管理** 花芽膨大后至露蕾前，将花束状果枝上的瘦小花芽疏除，每个花束状果枝保留3～4个花芽；花朵露出后，疏除花序中瘦小的花朵，每个花序保留2～3朵花；硬核后疏除小果和畸形果。初花开始每个温室内放置1箱蜜蜂辅助授粉，当无放蜂条件或气温低蜜蜂不出巢时必须进行人工授粉。盛花期喷1次0.3%硼砂液，可以提高甜樱桃坐果率和果实品质。

（2）**土肥水的管理** 甜樱桃对土壤水分非常敏感，既不抗旱，也不耐涝。因此，需要选择疏松透气性良好的土壤，栽培管理中少用速效化肥，多用有机肥。甜樱桃缺水时不需要大水漫灌，而是"水过地面湿"即可。果树发芽前追肥1次，以氮肥为主。2～3月份，追施果树专用肥1次，每株施肥量为0.2～0.4千克。同时，根据实施情况，在花果期进行1～2次叶面喷肥。采果后的肥水管理以磷、钾肥为主，以促进花芽分化。秋季施基肥，以土杂肥为主，每667米^{2}施土杂肥2 000千克以上，每次施肥后都应浇1次水。

（3）病虫害防治　樱桃树的主要病害为桃细菌性穿孔病和圆斑病。发芽前，全树喷1次5波美度石硫合剂。6月下旬和7月下旬叶面各喷布1次200倍石灰倍量式波尔多液，该药剂还可兼治刺蛾类食叶害虫。

六、甜樱桃土肥水管理

1. 什么是土壤管理?

在甜樱桃栽植前就要做好土壤管理,特别是在山地果园,还要求修水平梯田、挖大坑种植。甜樱桃在栽植后还需不断改良土壤,若土壤的肥、水、气、微生物等从表层到深层都能保持良好状态,则甜樱桃根系发达,分布也会较深,有利于其地上部分的生长发育。

甜樱桃的根系因树体种类、苗木繁殖方式、土壤类型的不同而有所差异。甜樱桃实生苗,在第一年的前半期主要发育主根,主根发育到一定长度时再发生侧根,其根系分布深且相对发达。

甜樱桃要求土壤的 pH 值为 6～7.5,我国种植甜樱桃的中北部地区,其土壤 pH 值大部分为 7～7.8,即微碱性土壤,在这种 pH 值范围内甜樱桃仍然可以正常生长,但如果土壤 pH 值超过 7.8,则需要土壤改良。有效的土壤改良方法是大量施用有机肥。

甜樱桃根系分布浅,多集中在 5～20 厘米土层内,但在疏松土壤中分布可达 20～36 厘米。甜樱桃适宜在土层深厚、土质疏松、透气性好、保水较强的沙壤土上栽培。在土质黏重、透气性差的黏土上栽培时,其根系分布浅,不抗旱涝,也不抗风。甜樱桃根系呼吸旺盛,需氧量高,对土壤透气性要求非常高,土壤透气不良时根部颈腐病、根癌病和生理性流胶病发生严重。在施肥时,要充分考虑樱桃品种及其根系的特点,注意增加有机肥的施用,改良土壤结构,增强土壤透气性。

土壤管理的好坏，直接影响到土壤的水、气、热状况和土壤微生物的活动。提高土壤肥力，可促进甜樱桃生长发育和开花结果。因此，必须通过持续性的土壤管理，使果园土壤保持永久疏松肥沃，使土壤水、气、热有一个协调而稳定的环境。甜樱桃的土壤管理主要包括土壤扩穴深翻、中耕松土、果园间作、树盘覆盖、树干培土等，具体做法要根据当地的具体情况，因地制宜地进行。

2. 怎样进行扩穴深翻？何时操作？

山地果园一般土壤贫瘠，土层较浅，影响根系伸展。平原果园，土层一般较厚，但透气性较差，可通过扩穴深翻，加深土层，改善通气状况，并结合施有机肥，改良土壤结构，促进土中微生物活动，以提高根系吸收肥水的能力。

扩穴深翻的方法是在幼树定植后的前几年，从定植穴的边缘开始，每年或隔年向外扩展，挖一宽约50厘米、深约60厘米的环状沟，挖出沟中的石块，填上好土和农家肥；也可在沟底填上20厘米厚的作物秸秆、杂草等，然后浇透水。这样，逐步挖穴扩大，直到两棵树之间的深翻沟相接，甜樱桃的根系也随之逐年伸展（扩穴深翻赶在根系伸展之前，不会损伤根系）。

深翻的时间可在秋季9月下旬至10月中旬结合秋施基肥进行。此时气温较高，深翻有利于有机肥的分解，而且根系处于活动期，断根容易愈合，翌年春形成新根数量增多，对养分和水分的吸收增强，且利于冬季积蓄雨雪，增加土壤含水量，同时还能消灭部分越冬害虫。

3. 中耕松土的深度和次数如何确定？

中耕松土是甜樱桃园生长期土壤管理的一项重要措施。甜樱桃树根系较浅，对土壤水分状况尤为敏感，根系呼吸又要求较好的土壤通气条件，因此雨后和浇水之后应及时中耕松土。特别是进入雨季之后，甜樱桃的白色吸收根会向表层生长，这种现象俗称"雨季泛根"。雨季泛根说明土壤含水量过多,是深层土壤的透气性差造成的。中耕松土一方面可以切断土壤的毛细管,保蓄水分,促进土壤通气,防止土壤板结;另一方面可以消灭杂草,减少杂草对养分的竞争。若想避免损伤吸收根和粗根,则中耕深度以 5～10 厘米为宜。中耕次数要由降雨情况、灌水次数及杂草生长情况而定,以保持甜樱桃园清洁无杂草、土壤疏松为标准。中耕时要注意加高树盘土壤,以防雨季积涝。

4. 果园间作植物如何安排?

甜樱桃幼树生长期间,为了充分利用土地,增加收益,可在行间适当间作经济作物。间作经济作物在夏季不但可降低田间地表温度,减少杂草危害,而且可防止土壤养分被雨水冲刷,增加土壤腐殖质含量,提高土壤肥力。间作物要种矮秆类且有利于提高土壤肥力的作物,如花生、绿豆等豆科植物,不宜间作小麦、玉米、高粱等影响甜樱桃生长的高秆作物。间作时要留足树盘,树行宽要留 2米。间作时间最多不超过 3 年,一般 1～2 年,以不影响树体生长为原则。

甜樱桃园间作只能在行间进行,为了解决间作物与树争肥水的矛盾,间作物必须与甜樱桃树保持一定距离,给树体生长留出适宜的营养面积。营养面积的大小依树龄和树冠的大小而定:刚定植的幼树,留出 1 米宽左右的营养带;2～3 年生幼树,通常以树冠外缘为界限。果树根系的生长一般与树冠的大小同步,大部分根系都分布在树冠下,因此树冠下不能有间作物。随着树冠的扩大,甜樱桃树的营养带也逐渐加宽,经过 3～4 年,树冠基本覆盖全园后,不再种植间作物。

5. 什么是树盘覆盖? 如何覆盖?

树盘覆盖是将割下的杂草、麦秸秆、玉米秸秆、稻草等物覆盖于树下土壤表面,数量一般为每 667 米^{2}2 000～3 000 千克。草源不足时，可只覆盖树盘，覆草的厚度为 18～20 厘米。覆草的时间一般以夏季最好，因为此时正值雨季，温度又高，雨水对草有固定作用，可避免风把覆盖物吹散，同时雨水可促进覆草的腐烂。树盘覆盖有很多优点：①可以保墒，减少土壤表面蒸腾；②可保持比较稳定的地温，即春、秋季提高地温，夏季降低地温的作用；③防止高温对土壤表层根的伤害；④可以抑制杂草，减少除草用工；⑤增加土壤有机质，促进土壤微生物的活动，改变土壤的物理、化学性质，有利于根系的生长。树盘覆盖最适宜山地果园。土质黏重的平地果园及涝洼地不提倡覆草，因为覆草后雨季容易积水，引起涝害。另外，在治虫喷药时，要同时喷一下覆盖物，以消灭潜伏在草中的害虫。

6. 什么是地膜覆盖？如何覆盖？

地膜覆盖常用于栽苗期和大棚樱桃开花至采收期。栽苗期地膜覆盖的目的是提高地温，保持土壤水分，以利于苗木成活。棚内开花至采收期地膜覆盖的目的是降低棚内空气湿度，减少病虫害的发生及预防裂果。土壤含水量过多、透气性差都会引起根系腐烂，所以地膜覆盖应在中耕松土后进行。地膜的宽度不宜过宽，降雨后应开口排水。

要根据不同的使用目的选用不同类型的覆盖地膜。无色透明地膜能很好地保持土壤水分，而且透光率高，增温效果好。黑色地膜较厚，对阳光的透射率在 10% 以下，反射率为 5.5%，因此可杀死地膜下的杂草。虽然黑色地膜增温效果不如透明膜，但保温效果好，在高温季节和草多地区多使用此种地膜。银色反光膜具有隔热和反射阳光的作用，其反射率达 81%～92%，利用其反光的特性，在果实即将着色前覆盖，可增加树冠内部光照，使果实着色好，提高果实品质。反光膜几乎不透光，在夏季可降低一定的地温，也有抑草作用。

7. 什么是树干培土？如何操作？

树干培土也是甜樱桃园的一项重要管理措施。樱桃产区素有培土的习惯，即定植以后在樱桃树基部培起厚30厘米左右的土堆。培土最好在早春进行，它除有加固树体的作用外，还能使树干基部发生不定根，增加根系吸收面积，并有抗旱、保墒的作用。在甜樱桃进入盛果期前，一定要培土。秋季注意将土堆扒开，这样可以随时检查根颈是否有病害，一旦发现病害要及时治疗。土堆的顶部要与树干密接，以防雨水顺树干流进根部引起烂根。

8. 甜樱桃的施肥依据有哪些？

甜樱桃施肥应以树龄、树势、土壤肥力和品种的需肥特性为依据，掌握好肥料种类、施肥数量、时期和方法，及时适量地供应甜樱桃生长发育所需要的营养，达到壮树、优质、高产的目的。

（1）生命周期需肥特点　甜樱桃嫁接苗从定植到衰老一般有十几年到几十年的时间，这期间也是树体营养生长与生殖生长不断矛盾、不断协调的过程。在这一过程中，大体要经历幼树期、初果期、盛果期和衰老更新期。每一阶段都有其明显的特点，掌握这些特点，就能配合合理的养分管理等栽培技术，达到早结果、丰产、壮树、质优的目的。

①幼树期　也称营养生长期，即从1年生苗定植后，到最初开花结果阶段。这一时期，营养生长占绝对优势。甜樱桃生长的特点是：树体加长、加粗，生长活跃；树干年生长量超过100厘米，粗度超过1.5厘米，分枝较少。物质代谢的特点是树体中营养物质的积累较晚，进入9月份才开始积累，大部分营养物质用于器官的构成。树体中营养物质的循环模式简单，不利于花芽形成和结果，所以可采用刻芽和多次摘心促使其多发枝。此期对氮、磷肥需求较多，应以氮肥为主，辅以适量磷肥，促进树冠及早形成，为结果打下基础。

②初果期　又称生长结果期。随着树龄的增长，树冠、根系

不断扩大，枝量、根量成倍增长，枝的级次增高，生长开始出现分化，部分外围强枝继续旺长，中下部枝条提前停长、分化；长枝减少，中、短枝及丛状枝量增加，营养生长期相对缩短，营养物质提前积累，内源激素也随之变化，为花芽分化提供了物质基础；中、短枝的基部和丛状枝的周侧芽的分化开始趋于成花；但营养生长仍占优势，花量、果量都随枝量的增加而增多。这一时期要注意控制树高，抑制树势，促进果树及早转入盛果期。可采取对直立旺枝扭梢，多次摘心，拧、拉过旺枝等措施来控制树势。这一时期应注意控氮、增磷、补钾。

③**盛果期** 又称结果生长阶段。此阶段树冠伸展达到最大限度，生长和结果趋于平衡，产量最高且趋于稳定；发育枝的年生长量在30～50厘米，干周继续增长，结果部位布满整个树冠，并开始由内向外、自下而上转移。此期生长发育节奏明显，营养生长、果实发育和花芽分化关系协调，是经济效益最高的时期。盛果期可以通过深翻改土、增施有机肥料等方法增强根系的活力，防止根系衰老，以便保持健壮的树势。除供应树体生长所需养分外，此期更重要的是为果实生长提供充足营养。结合施有机肥，可施用鸡粪、羊粪、豆饼，或发酵好的生物菌肥。甜樱桃果实生长需钾较多，因此本阶段应增加钾肥施用量。无机肥应施用含钾量高的复合肥，叶面喷肥可用磷酸二氢钾，或补充微量元素如硼、锌、钙等肥料。

④**衰老更新期** 随着树龄的增长，树体功能逐渐衰退，先是根系萎缩，树冠内膛、下部枝枯秃，然后是生长减缓，果实产量和品质下降。这一时期来临的早晚因果树品种和栽培技术而异。甜樱桃的寿命较短，其盛果期年限为20年左右，40年树龄以后便明显衰老。自然情况下，无意外灾害，甜樱桃的寿命也可长达80～100年。最主要的就是增加树体氮肥的供应量，以此恢复树势，延长结果寿命。

（2）**周年养分需求特点** 甜樱桃年周期可分为以下4个阶段，各阶段划分及养分需求特点如下。

①**开花坐果期** 此阶段萌芽、开花和坐果集中进行，是氮、磷营养需要高峰期。此期主要是利用树体储藏营养。

②**新梢旺长和果实膨大期** 果实膨大和新梢旺长集中在 1～2 个月时间内，此阶段是营养需要最多的时期。此期主要是利用储藏营养，后期部分则是利用树体当年生营养。

③**果实采收和花芽分化期** 此阶段是甜樱桃花芽分化的关键时期，要及时通过施肥补充养分消耗。

④**养分储藏期** 9 月中旬至 10 月中旬此阶段是养分储藏的关键时期，对樱桃第二年的生长发育起决定性影响。

一年周期中，樱桃具有生长发育迅速、需肥集中的特点。从展叶、开花、果实发育到成熟都集中在生长的前半期，即 4 月份至 6 月下旬，而花芽分化则集中在采收后较短的时期内。在樱桃施肥上，要重视秋季施肥，追肥则要抓住开花前后和采收后两个关键时期。

9. 如何对甜樱桃科学施肥？

（1）**施肥的时期** 甜樱桃不同树龄和不同时期对肥料的要求不同。3 年生以下的幼树，树体处于扩冠期，营养生长旺盛，这个时期对氮需要量多，应以氮肥为主，并辅助适量的磷肥，促进树冠的形成。3～6 年生和初果期幼树，主要工作是促使树体由营养生长转入生殖生长，促进花芽分化。因此，在施肥上要注意控氮、增磷、补钾。7 年生以上树进入盛果期，树体消耗营养较多，氮、磷、钾都需要，每年施肥量增加。但在果实生长阶段要额外补充钾肥，可提高果实的产量与品质。

甜樱桃果实生长期短，具有需肥迅速和集中的特点。从甜樱桃展叶、开花、果实发育到成熟，都集中在 4～6 月份，同时花芽分化也集中在采收后较短的时期内。这就不仅要求春季加强甜樱桃的肥水管理，还要求树体在前 1 年积累很多营养，以满足早春生长开花的需要。因此，对樱桃树施肥应重视秋季施肥及春季追肥两个关键时期。

（2）落叶前叶面喷肥　在秋季（9月底至10月初）甜樱桃落叶前15天，可喷2%尿素溶液。此时甜樱桃叶片厚，气温低，即使尿素浓度高也不会发生药害，但喷肥时间应在下午3时以后（秋天晚上有露水，有利于叶面吸收）。甜樱桃与其他果树一样，在落叶之前会把叶中的营养分解成可溶解状态，而后输运到枝条及根部，使枝干和根部在冬季有更多的营养积累，对增强树体抗寒能力有好处。

（3）秋施基肥　秋施基肥，一般在9月份至10月下旬，落叶前施用为好。早施基肥有利于肥料熟化，翌年春可早发挥肥效，有利于断根愈合，提高根系的吸收能力，增加树体内养分的储备；结合灌水，部分农家肥可腐解矿化，释放出速效性营养元素，被根系吸收，进而提高树体的营养水平，也为翌年树体的生长保证营养。

基肥施用量要占全年施肥量的70%，施肥量应根据树龄、树势、结果量及肥料种类而定。幼树一般每棵树施厩肥25～50千克，盛果期的大树每棵施厩肥100千克左右。施肥时，优质的鸡粪、猪粪或人粪尿数量可少一些，杂草、树叶等土杂堆肥数量则可多一些。施基肥的方法：①对幼树可用环状沟施法，即在树冠的外缘投影处挖宽约50厘米、深40～50厘米的沟，将肥料施入。②对大树最好用辐射沟施肥法，即在离树干50厘米处向外挖辐射状沟，要里窄外宽、里浅外深；靠近树干的一端宽度及深度为30厘米，远离树干的一端为40～50厘米；沟长超过树冠投影处约20厘米，沟的数量为4～6条；每年施肥沟的位置要改变。

（4）追肥　追肥在甜樱桃树生长期进行，分土壤追肥和叶面喷肥两种方式。

土壤追肥是主要方式，可追2次。第一次是在萌芽期，对盛果期大树追施三元复合肥1.5～2.5千克，或人粪尿30千克，或尿素1千克。这次追肥可促进树体开花和展叶，提高坐果率，加速果实的增长。第二次追肥在甜樱桃采果以后，这时正处于花芽分化期，又是开花结果后，树体营养需要补充的时期，每棵树可施腐熟的人粪尿60～70千克，或三元复合肥2千克。河北省保定地区有经验的果农在采果后会追施芝麻饼（粕），可改善甜樱桃果实口感，提高品质。以上施肥方法，可穴施、开沟施或随浇水灌入树下根际区。根外追肥效果快，对果实生长期短的甜樱桃是很有必要的。根外追肥集中在开花后到果实成熟前这一时期，对果实着色、提高坐果率，增加甜樱桃产量，提高其含糖量及品质都非常有效。

叶面喷肥主要在两个时期进行：一是花期，对促进树体开花、坐果和枝叶生长都有显著的作用。可在花前喷0.3%尿素溶液，花期喷0.3%硼砂液。二是果实膨大期至着色期，喷0.3%磷酸二氢钾溶液2~3次，并配合树干涂抹氨基酸液肥，此法对果实着色、提高果实含糖量及品质都非常有效。叶面喷肥要在下午近傍晚时进行，喷洒部位以叶背面为主。

10. 甜樱桃的施肥原则包括几个方面？

（1）有机肥为主，化肥为辅　有机肥不但具有养分全面的特点，而且可以改善土壤的理化性状，有利于甜樱桃根系的发生和生长，扩大根系的分布范围，增强其固地性。早施基肥，多施有机肥还可增加甜樱桃的储藏营养，提高坐果率，增加产量，改善果实品质。有机肥可使用粪肥、饼肥、厩肥、堆肥、沤肥等，以及经工厂化加工的优质有机肥，如膨化鸡粪肥、微生物肥、有机叶面肥等。根据土壤肥力和作物营养需要进行配方施肥。

（2）施足基肥，合理追肥　在有机肥为主的施肥方式中，可将有机肥为主的总肥分的70%以上的肥料作为基肥，在苗木栽植前施入土壤中，肥分不易流失，并可以改良土壤性状，提高土壤肥力。追肥要根据作物生长情况与需求，以速效肥料为主。施肥时可采用根区撒施、沟施、穴施、淋水肥及叶面喷施等多种方式。

（3）科学配比，平衡施肥　施肥应根据土壤条件、作物营养需要和季节气候变化等因素，调整各种养分的配比和用量，保证作物所需营养的比例平衡来供给。除了有机肥和化肥外，微生物肥、微量元素肥、氨基酸等营养液，都可以通过根施或叶面喷施作为作物的营养补充。

（4）抓住关键时期施肥　在樱桃树的生命周期中应抓早期施肥，先促进其旺长，再及时控冠促其花芽分化。周年施肥中应抓萌芽期、采收后和休眠期 3 个时期。

（5）禁止和限制使用的肥料　主要包括城市生活垃圾、污泥、城乡工业废渣及未经无害化处理的有机肥料，不符合相应标准的无机肥料等。禁止施用含氯肥料。

11. 什么是沟施？ 具体如何操作？

沟施即开沟施肥。基肥均采用沟施，土壤追肥也常应用此法。沟的位置以树冠外缘投影为准。开沟时注意不要伤害较粗大的根系，施肥后必须及时覆土并灌水。沟施一般分为环状沟施法、条状沟施法和放射沟施法，3 种方法宜交替使用。

（1）环状沟施肥　幼树期一般结合扩穴进行施用，定植第一年从定植穴的边缘挖一深、宽各 60 厘米左右的环状沟，先在沟底填上厚 15 厘米左右的作物秸秆，然后把肥与土掺和均匀后施入沟内。可 2 年形成一个环状，即每年在樱桃树的两侧各开半环状沟，根据根系与树冠的生长情况逐年扩大。

（2）条状沟施肥　在甜樱桃树的株间或行间，或隔行开沟施肥，每年交替互换。一般秋施基肥时，沟的宽、深各 60 厘米左右，长度以树冠冠幅而定。条状沟用于追肥时，以深 15～20 厘米为宜。

（3）放射沟施肥　放射沟适用于株行距较大的盛果期果园。挖沟时，以树干为中心，离树干 0.5 米处向外由浅到深、由窄而宽开挖 4～6 条沟，均匀分布呈放射状，沟长超过树冠边缘。用于追肥时，沟深 10～15 厘米；用于施基肥时，沟深 10～40 厘米。

12. 什么是撒施？

撒施适用于盛果期树，即把肥料均匀地撒在树冠下或整个园区，然后浅锄。施基肥和土壤追肥时都可采用此法。

13. 什么是灌溉冲施?

浇水时将易溶于水的肥料，如粪尿类、化肥类及沼液等一起施入土壤。此法一般用于追肥。也可将樱桃所需的营养经配方后形成肥料溶液，利用滴灌或微喷灌的设备、管道等进行施肥。这种方法不仅养分分布均匀，还可节约费用。

14. 什么是穴施?

在采取穴灌措施的山地果园应用较多，一般肥料结合穴灌施入，也适用于施肥量较少的肥料。另外，在幼树或树盘下覆地膜追肥时也可采用。

15. 什么是叶面喷肥? 具体如何操作?

即把追施的肥料溶于水中，用喷雾器将其喷洒到果树叶背及叶面上，将肥分直接供应给树体。此法养分吸收转化快，简单易行且节约肥料。一般在叶面喷施后数小时，养分便被植株吸收。叶面喷施要注意：①肥料浓度不可过高，以防枝叶灼伤影响正常的生长发育；②若与农药等混喷，必须是酸性肥料与酸性农药，或碱性肥料与碱性农药混合，随配随用，不得混淆；③叶背面也要喷到，而且要喷均匀；④掌握好喷施时间和时间间隔，一般以无风晴天的上午9时前或下午4时后较好，阴天可全天进行，雨天、雾天或有露时不进行，间隔时间一般为7～10天。

16. 怎样对树干涂白?

主要以黏状液体肥料进行，如氨基酸液肥、沼液等，通过主干皮层渗透吸收，兼有杀虫除菌的作用。

17. 肥料包括哪些种类?

（1）农家肥 即有机肥，如粪便、腐烂的动物尸体或腐熟的植物等。有机肥像猪粪、鸡粪、各种腐熟的枯枝落叶、草木灰等都可以作肥料。人粪尿、禽畜粪尿、猪牛骨、草木灰、饼肥等也是有机肥。有机肥需要经微生物分解、发酵后才能被甜樱桃吸收利用，其肥效虽长，但见效慢。

（2）化学肥料　即无机肥，如各种氮、磷、钾肥或复合肥等。常用的化肥有磷酸二铵、尿素、硫酸钾、氯化钾、各种复合肥、过磷酸钙等。化肥的优点是养分含量高，肥劲大，肥效快；缺点是养分单一，多数不含有机质，肥效短。若长期使用化肥，会引起土壤板结，并可造成土壤污染。

①氮肥　即以氮素营养元素为主要成分的化肥，包括碳酸氢铵、尿素、硝酸铵、氨水、硫酸铵等。其特点如下：一是速效肥，易溶于水，溶解后形成的硝酸根离子能被植物根系直接吸收。二是硝酸根离子带负电荷，一般不能被土壤胶体吸附，施入土壤后分散于土壤溶液中，易淋失。三是在缺氧条件下，硝态氮可经反硝化作用转化为游离的分子态氮气和氧化氮气而造成氮素损失。四是硝态氮肥有较大的吸湿性、助燃性和爆炸性，贮存时要注意防潮、防爆。

②磷肥　即以磷素营养元素为主要成分的化肥，根据所含磷化物的溶解度可分为水溶性磷肥、弱酸溶性磷肥和难溶性磷肥3类，具体包括普通过磷酸钙、磷酸铵、钙镁磷肥等。

水溶性磷肥：速效，使用方便，但当年利用率一般为10%～25%，较低。水溶性磷肥移动性小，据研究，过磷酸钙施入土壤3周后，扩散半径仅有1.7厘米左右，所以施肥时要靠近根系，集中施用。该磷肥作基肥时应条施、穴施或叶面喷施，与有机肥混合使用能增加其有效性。

弱酸溶性磷肥：能溶于2%柠檬酸或中性柠檬酸铵溶液的磷肥，叫弱酸溶性磷肥。包括钙镁磷肥、钢渣磷肥和偏磷酸钙等。

难溶性磷肥：既不溶于水，又不溶于弱酸，只能溶于强酸的磷肥。包括磷矿粉、骨粉和磷质海鸟粪等。

③钾肥　即以钾元素为主要成分的化肥，目前施用不多，主要

品种有硫酸钾、硝酸钾等。

主要是各种钾盐矿及其加工制品，还有草木灰。常用钾肥有硫酸钾和氯化钾，都是水溶性速效钾肥，有较弱的生理酸性反应，宜作基肥。钾肥宜集中条施或穴施于根系附近，并应与氮、磷肥配合使用。

④**复合肥料**　即肥料中含有氮、磷、钾其中2种肥料的二元复混肥料和含有氮、磷、钾3种元素的三元复混肥料。其中，复混肥在全国各地推广很快。

（3）**微量元素肥料**　如含有硼、锌、铁、钼、锰、铜等微量元素的肥料。微量元素肥料因施入土壤易被固定成无效态，所以施用时一般采用叶部喷施或直接处理种子。微量元素肥料施用一定要注意适量，过量易对植物造成毒害。

18. 什么是科学灌水？

甜樱桃树对水分状况反应很敏感，不抗旱也不耐涝。因此，要做到适时浇水和及时排水。甜樱桃正常生长需要一定的大气湿度，但高温、多湿又容易导致其徒长，不利结果。樱桃坐果后若过于干旱则又影响果实的发育，导致产生没有商品价值的"柳黄"果，造成减产、减收。我国甜樱桃的栽培区，除南方雨量充沛的地区外，在北方多选择山地、谷沟等空气较湿润的地方栽植。

甜樱桃与其他核果类果树一样，根部要求较高浓度的氧气，对根部缺氧十分敏感，若根部氧气不足，便会影响树体的正常发育，甚至会引起流胶等因缺氧诱发的病害。土壤黏重、土壤水分过多和排水不良，都会造成土壤氧气不足，影响根系的正常呼吸，轻则树体生长不良，重则造成根腐、流胶等涝害症状，甚至导致整株死亡。若土壤水分不足，则会使树体发育形成"小老树"，产量低，果实品质差。因此，在土壤管理和水分管理上要为根系创造一个既保水又透气的良好的土壤环境，即雨季注意排水、经常中耕松土、秋季深翻等，以促进根系生长。

甜樱桃树各个生长发育期对水分的需求状况也有差异。在果实发育的第二期（硬核期）的末期，是落果最严重的时期，严重时落果达 50% 以上，此期是果实发育需水的临界期。此时若干旱少雨应适时灌水，才能保证果实发育正常，减少落果，增加果实产量，提高品质。在果实发育期，若前期干旱少雨又未浇水，而在接近成熟时偶尔降雨或浇水，则往往会造成裂果现象而降低品质。我国北方一般是春旱夏涝，所以春灌夏排是甜樱桃水分管理的关键。

19. 如何做到适时灌水？

甜樱桃浇水要根据其生长发育中的需水特点和降水情况来进行。在北方一般春季比较干旱，每年要浇 4 次水，每次要浇足。

（1）花前水　在发芽和开花前（3 月中下旬）进行，主要是满足树体发芽、展叶、开花、坐果，以及幼果生长对水分的需要，而且此次灌水可以结合施肥进行。此时灌水还可以降低地温，延迟开花期，有利于避免晚霜对树体的危害。

（2）硬核水　果实生长中期（5 月上中旬）是果实生长发育最旺盛的时期，此时果实膨大尚较缓慢，灌水后不会产生裂果。一般刚灌水时，土壤湿度过大，地温降低，不是果树吸收肥水的最佳状态。而在灌水 1 周后，可通过中耕松土使土温回升，此时土壤通气性及湿度适合，水、气、热均达到最佳状态，正是甜樱桃果实的迅速膨大期。

（3）采前水　果实采收前 10～15 天是果实迅速膨大期，此时灌水可明显增大果个，增加单果重。此期灌水必须是在前几次连续灌水的基础上进行，否则长期干旱突然在采前浇大水，反而容易引起裂果。此时浇水一般在水中加入少量腐熟鸡粪水或园肥。经试验调查，红灯品种浇水后单果重增加 1～2 克，含糖量比对照提高 2.6%。

（4）采后水　果实采收后，是树体恢复和花芽分化的重要时期。此时，北方雨季未到，雨水少，气温高，日照强，水分蒸发量很大，需要结合施肥进行灌水。

（5）封冻水　在秋季落叶后至封冻前，土壤深翻、施肥、扩穴后灌水，使树体吸足水分，更利于安全越冬。

以上是正常年景的灌水要求，在雨水过少或过多的年份，则需灵活掌握，来保持土壤的合适含水量。灌水的方法，一般采用畦灌和树盘灌。对于有根癌病的地区，要求单株灌，以防土壤根癌病菌互相传染。在有条件的地方，还可采用喷灌、滴灌和微喷灌。这些先进的灌水方式，不仅可以节省人工、节约用水，灌水均匀，减轻土壤养分流失，避免土壤板结，保持土壤团粒结构，还可以增加空气湿度，调节果园的小气候，减轻干热对樱桃树的危害。晚霜危害时，利用微喷灌对树体间歇喷水，可防止霜冻。

20. 灌水方法有哪些?

灌水方法有畦灌、沟灌和滴灌 3 种，其特点如下。

（1）畦灌　在田间筑起田埂，将田块分割成许多狭长地块，即畦田。水从输水沟或直接从毛渠放入畦中，畦中水以薄层水流向前移动，边流边渗，润湿土层，这种灌水方法称为畦灌。

（2）沟灌　沟灌是我国地面灌溉中普遍应用的一种较好的灌水方法。实施沟灌技术，要先在行间开挖灌水沟，灌溉水由输水沟或毛渠进入灌水沟后，在流动的过程中，主要借土壤毛细管作用从沟底和沟壁向周围渗透而湿润土壤。

（3）滴灌　滴水灌溉的简称，是指通过安装在毛管上的滴头、孔口或滴灌带等灌水器将水一滴滴、均匀而又缓慢地滴入土壤中的灌水形式。由于滴水量小，水滴缓慢入土，所以在滴灌条件下只有滴头下面的土壤水分处于饱和状态，其他部位的土壤水分均处于非饱和状态，土壤水分主要借助土壤毛细管作用渗透和扩散。滴灌的适应性强，使用范围较广，比较节水。

21. 怎么做到及时排水?

甜樱桃树最怕涝，在栽植时采用高垄栽植和地膜覆盖等方法，可以防止幼树受涝。对于大树，要求行间中央挖深沟，沟中的土堆在树干周围，形成一定的坡度，这样可使雨水流入沟内，顺沟排出。对于受涝后叶片发生萎蔫的情况，有些种植户会追施肥料，希望樱桃树恢复生机，结果适得其反，加速了树的死亡。这是因为施肥后土壤中细菌活动旺盛，会消耗大量氧气，从而使根系缺氧，加速了根系的死亡。对于受涝树，天晴后要深翻土壤，加速土壤水分蒸发和通气，争取根系及早恢复生机。

22. 什么是小沟快流节水灌溉技术？具体如何操作？

根据甜樱桃的需水特点，本着"节水、省工、高效、实用"的原则，在大量实验的基础上，提出了甜樱桃"小沟快流节水灌溉技术"。该项技术具有简便易行、对土壤浸湿较均匀、水分蒸发量与流失量均较小、不会破坏土壤结构、利于根系呼吸和土壤微生物活动、减少肥料流失和提高肥料利用效率等特点。

（1）成龄园　在垂直于树冠外缘的下方，向内 30～50 厘米（或距树干 1～1.5 米）处沿甜樱桃栽植方向挖灌水沟，一般每行树挖 2 条灌水沟（树行两侧各 1 条），并与配水道垂直。灌水沟采用倒梯形断面结构，上口宽 30～40 厘米、底宽 20～30 厘米、沟深 20～30 厘米；灌水沟的长度根据园地地形、土壤质地和类型等具体情况而定，一般沙壤土灌水沟长约 50 米，黏重土壤灌水沟长约 100 米。

（2）新建园　采用"起台栽培＋小沟快流节水灌溉技术"。定植前，在沿甜樱桃栽植方向形成高 15～20 厘米、上部宽 80～100 厘米、下部宽 100～120 厘米的梯形台面。在距树干约 50 厘米处（台沿下方），沿甜樱桃栽植方向挖灌水沟，每行树挖 2 条灌水沟（树行两侧各 1 条），并与配水道垂直。灌水沟采用倒梯形断面结构，上口宽 20～30 厘米、底宽 15～20 厘米、沟深 15～20 厘米。灌水沟长度的确定可参照成龄园。前期以树盘灌溉为主，植株成活后采用小沟灌溉。

采用小沟快流节水灌溉技术时，灌水量为漫灌的 35%，以全年灌水 3 次、灌溉用水价格 0.5 元 / 米^3 计算，每 667 米^2 每年可节省灌溉用水费 50 元以上。

23. 如何确定甜樱桃的灌溉时期及灌水量？

在甜樱桃生长发育的需水关键期灌水，大致可分为花前水、花后水、采前水及秋施肥水等。每次灌水至水沟灌满为止。

（1）花前灌水　因此期气温低，所以灌水后易降低地温，使植株开花不整齐，影响坐果。因此，花前在土壤不十分干旱的情况下，尽量不灌水。若需灌水，则灌水量宜小，最好用地面水或井水经日晒增温后再灌入。

（2）果实发育期灌水　坐果、果实膨大、新梢生长都在消耗水分，是甜樱桃对水分最敏感的时期，称需水临界期。通常，谢花后要灌水，硬核期不灌水，果实迅速膨大期至采收前依降雨情况灌水 1～2 次，正常年份灌水 2 次。

（3）施肥后灌水　9 月份秋施基肥后灌 1 次透水。甜樱桃对水分要求比较严格，水分管理的具体实施应根据实际情况灵活操作。应注意以下几点：①若遇到秋旱的特殊年份，也应灌 1 次水。②土壤封冻前，因甜樱桃根系浅、休眠早，不灌封冻水。否则，会因冬季土壤水分蒸发量小，灌水后影响根系呼吸。③采果后的短期内，正值花芽分化期，要控水。④对刚定植的苗木，及时补充水分非常重要。地面下的根际周围土壤，若手握不成团，就容易"吊干死"苗木，这也是甜樱桃苗木栽植成活率低的一个主要原因。有经验的果农在苗木定植后灌水，即见地皮干就灌水，水后划锄，过 3～5 天再灌水，最好第一年能灌水 11～12 次，保证苗木成活并促进树体枝条快速生长。翌年可灌水 5～6 次。⑤对于幼旺树，后期要控水，以免植株旺长，影响成花，防止越冬"抽条"。⑥在土壤不十分干旱的情况下，以下几个时期不宜灌水。一是土壤化冻后至开花前，即所谓的花前水；二是 6～7 月份花芽分化期，一些果农习惯采收后施肥、灌水，给树体"补补身子"，这是不科学的，花芽分化期应控水，追肥时要"干施"；三是土壤上冻以前的封冻水，甜樱桃树最怕积水受涝，涝害后出现黄叶、萎蔫、死枝、树体生长不良、产量降低，甚至死树，造成果园不整齐，单产较低。受涝，能加重流胶病的发生。所以，樱桃园必须排水畅通，保证雨后水即排出，最迟在2小时内排净，以确保园内不出现积水现象。若遇大雨，自然排水不畅的情况下，应设法进行人工排水，必要时采取动力抽水的方法，保证园内不积水。

24. 什么是肥水耦合一体化？

肥水耦合一体化是肥料随同灌溉水一同进入田间的一种灌溉方式，是施肥技术和灌溉技术相结合的一项新技术，是精确施肥与精确灌溉相结合的产物。即小沟快灌、滴灌、地下滴灌等，在灌水的同时，按照甜樱桃生长发育各个阶段对养分的需要和气候条件等因素，准确地将肥料补充和均匀施在根系附近，被根系直接吸收利用，这是定量供给树体水分和养分及维持土壤适宜水分和养分浓度的有效方法。通过合理统筹地运用这项技术，达到以肥调水、以水促肥，发挥精确灌溉施肥的最大功效。采用肥水耦合一体化技术可以很方便地调节灌溉水中营养物质的浓度和数量，大幅度提高化肥利用效率。

25. 肥水耦合一体化技术的优点有哪些？

（1）节约肥料 肥水耦合一体化技术是肥随水来、肥随水去，通过灌溉把肥料带到甜樱桃根系周围，增加了肥料与根系的接触面积，提高了化肥利用率，减少了肥料用量，每667米² 用肥量可以节约30%。

（2）省工 采用肥水耦合一体化技术，不用到园内进行施肥操作，而是按照叶分析（或土壤分析）结果，确定施肥配比，在配肥器中把肥料配好后，通过配肥器打入抽水机的出水管道中，面积较大的甜樱桃园平均1小时就可灌溉667米²，同时还可以完成施肥任务，大大节省了劳动力的支出。如果用人工，那么需耗费5～7个小时。

（3）科学、合理施肥　肥水耦合一体化技术可以根据甜樱桃的生长习性、施肥规律及树势，随时结合灌溉，进行补充施肥。水源中安装抽水机，同时还应安装配肥器，配肥器就是把要施的肥料按要求的数量溶解在配肥器中，通过配肥器打入抽水机的出水管道中，然后随着出水管道进入园内，通过小沟快流灌溉技术渗入到甜樱桃根域周围供其生长。

七、甜樱桃花果管理
与采后树体管理

1. 为何要疏花芽、疏花蕾?

疏花疏果的目的是提高单果重和果个整齐度，主要包括疏花蕾、疏花序（疏花）和疏幼果。疏花疏果时期从冬季开始至翌年4月份结束，时间以花序伸出到初花期为宜，越早越好。如果樱桃树树势强、花量大、花期条件好、坐果可靠，则可以疏蕾和疏花，最后定果；反之，则少疏或不疏花，而是在坐果后尽早疏果。疏花要疏弱留壮，疏长（中、长果枝的花）留短（短果枝花），疏腋花芽花、留顶花芽花，疏密留稀，疏外留内，疏下留上。总的原则是疏果不如疏花，疏花不如疏蕾，迟疏不如早疏。生产中要依据当年花量、树势、天气等情况来确定具体的疏花疏果方法。

2. 何时疏花蕾? 具体如何操作?

疏蕾一般在开花前进行，主要是疏除细弱果枝上的小花和畸形花。每花束状果枝上保留2～3个饱满健壮花蕾即可。疏蕾尽管在改进果实品质方面有显著作用，但毕竟操作比较麻烦、费力。因此，疏蕾宜在休眠期修剪、剪除弱果枝的基础上，配合进行。

3. 何时疏花芽? 具体如何操作?

疏花芽应完成疏花疏果任务量的80%左右。在花芽发育差的情况下，修剪时可多留一些花芽，花芽质量好时则少留些。在生产中，果农往往存在保守心理，早期舍不得疏，等到结果过多时再疏，反而造成大量养分浪费，导致疏花芽效果不明显。疏花芽要根据品种、树势确定目标产量。例如，4 年生红灯（株行距 2.5～4 米，主栽品种与授粉品种配置比例为 4：1），除去授粉树每 667 米^2 栽 53 株，目标产量每 667 米^2 产优质果 530 千克，单株 10 千克，标准果重 10 克，花序坐果率 90%；遵循 1 个果 25 个花芽的原则，每株可留花芽 450 个左右，考虑花期气候条件对授粉和坐果率的影响，每株可留花芽 850 个左右。

4. 何时疏果？具体如何操作？

疏果是在生理落果后进行（谢花 1～2 周后），一般在 3～4 天完成。疏果程度要根据树体长势和坐果情况确定。一般 1 个花束状果枝留 3～4 个果即可，最多 4～5 个。叶片数不足 5 片的弱花束状果枝，一般不宜保留果实。幼果在授粉后 10 天左右才能判定是否真正坐果。为了促进果实生长发育，避免养分消耗，疏果时间越早越好。疏果应根据树体长势、负载量及坐果情况而定，主要是疏除小果、畸形果，保留果个大、果形正、发育好、无病虫危害的幼果。

5. 什么情况下需要授粉？如何提高授粉质量？

甜樱桃多数品种自花不实或自花结实率低，授粉是提高甜樱桃坐果率的关键环节，尤其是设施栽培中无风、无昆虫条件下的传粉，对甜樱桃的坐果有很大影响。为了确保甜樱桃结实并丰产，在建园时要合理配置授粉树，并在花期采取蜜蜂、壁蜂授粉和人工辅助授粉技术，提高坐果率。甜樱桃丰产辅助授粉技术主要包括以下几个方面。

（1）花粉采集与保存　采花宜在铃铛花期进行，将萌动的花枝采集下来插在培养液（10% 蔗糖加 0.1% 硼砂）中，室温下培养。待花完全开放时采集花药，干燥、散粉后筛去花药和花丝，留下花粉放入干燥的容器中，保存待用。每千克鲜铃铛花可产带药壳的干花粉 120～238 克，当年用不完的花粉，可以在 –20℃低温下干燥贮藏，可保持其生活力 1～2 年，其翌年授粉的坐果率与新鲜花粉接近。

（2）授粉品种的确定　甜樱桃园配置授粉品种或人工辅助授粉时，必须考虑主栽品种及授粉品种的 S 基因型，S 基因型相同的品种间授粉不结实，只有 S 基因型不同的品种间授粉才能结实。例如，红灯与早红宝石、早大果与友谊、先锋与红艳、萨米脱与大紫、红南阳与红蜜等均表现为相互授粉不结果。在生产上相互授粉的品种间即使是来源于相同父母本的品种之间或子代与父母本之间，只要有 1 个 S 基因型不同就能正常结实。也就是说，品种间是否能授粉结实，关键在于是否含有不同的 S 基因型。山东省果树研究所育种室已鉴定出 100 多个甜樱桃品种的 S 基因型，为樱桃园授粉树合理的配置提供了依据。例如，我国栽培面积较大的几个品种的 S 基因型是红灯 S3S9、早大果 S1S9、红蜜 S3S6、萨米脱 S1S2、先锋 S1S3、雷尼 S1S4、滨库 S3S4、巨红 S4S9。授粉品种要尽可能合理配置，通常情况下，主栽品种与授粉品种的配置比例为（3～4）:1。对于小面积的樱桃园，可选择 3～4 个品种混栽；大面积的樱桃园，应栽植多个品种，按其各自的成熟期，安排适当的栽培比例。主栽品种和授粉品种应分别成行栽植，以便于在采收季节分批采收和销售。

配置授粉品种应注意以下几方面：一是主栽品种和授粉品种相互授粉能结实；二是授粉品种比主栽品种的花期稍早或一致为宜；三是授粉品种花粉需量多。

（3）昆虫授粉　昆虫授粉省工、省力、效果好，可提高坐果率 10%～20%。花期放蜂能显著提高坐果率，此法适合授粉树配置合理而昆虫少的甜樱桃园或保护地栽培的樱桃树。目前，国内外利用蜜蜂传粉的情况较多，所需的蜜蜂数量要根据樱桃园大小、栽培品种、栽植密度、气象条件确定，一般每公顷 3 箱或 3 000～5 000 头蜜蜂即可满足樱桃树授粉的需要。蜂箱最好放在风力小、阳光灿烂的地方。可在开花前 2 天将蜂箱搬到樱桃园里，让蜜蜂适应周围环境，开花时即可及时授粉。近年，我国引进了日本角额壁蜂，其耐低温能力强，传粉能力比蜜蜂高，每 667 米^2 仅需释放壁蜂 300 头左右即可。花期放蜂要注意，放蜂前 10 天内不要喷药。若花期遇阴雨天、气温在 15℃ 以下以及风速过大等不良气象条件时，蜜蜂几乎不活动，此时园内放蜂授粉的效果不佳，应进行人工辅助授粉。

①**蜜蜂授粉** 甜樱桃花期每 1 000～1 333 米^2 放养 1 箱蜜蜂即可，放蜂期间禁止喷施杀虫剂，以免药杀蜜蜂而影响授粉效果。

②**壁蜂授粉** 用作授粉的壁蜂有凹唇壁蜂、角额壁蜂和紫壁蜂 3 种，以前 2 种最为常用。在日平均温度 11.5℃ 时角额壁蜂雄蜂脱茧，雌蜂则晚 3～5 天，脱茧后雌、雄蜂交尾。交尾后的雌蜂，开始选巢运送花粉，筑团产卵。成蜂采粉具有单一性，其采粉期寿命仅 15 天左右，飞行距离在 60 米以内。角额壁蜂在气温低于 9℃ 时，活动力下降；风速超过 10 米/秒时，采花量减少 60%。此蜂一天中以上午 11 时至下午 3 时为活动盛期。利用角额壁蜂授粉时，蜂巢宜设置在背风向阳的地方，箱口应朝向东南，具体宜放在缺株处或行间，使巢前开阔。一般每 667 米^2 放 2～4 个巢箱，蜂巢距地面 50 厘米左右，每巢内 250～300 支巢筒。其中，巢筒顶端为绿色的占 6%。为便于雌蜂出入，巢筒长度应在 15～20 厘米，壁径 5～6 毫米。放蜂时间可分为 2 次：第一次在花蕾分离、少量花露红时；第二次在初花期。在樱桃开花时一定要有大量的蜂授粉。为使蜂出得快，可将茧盒在水中蘸湿，每天早上将空茧皮捡出，3～4 天即可出蜂完毕。落花后 1 周左右，可以收回巢管、巢箱。为提高子蜂的回收率，要将蜂巢附近的野菜铲除，并栽植十字花科蔬菜，这样，子蜂的回收比例可达 50%。应用角额壁蜂对红灯甜樱桃授粉，花朵坐果率达到 27.9%～31.2%，较自然授粉率提高 16%～16.6%。

（4）人工辅助授粉

①**采花取粉** 采花宜在铃铛花期进行，以与主栽品种授粉亲和力高的品种为主，其他品种为辅，采集制成混合花粉。

②**授粉时间和次数**　人工授粉宜在甜樱桃盛花初期开始，连续授粉 2～3 次。

③**授粉方法**　人工授粉可采用橡皮头、毛笔点授或鸡毛掸子滚授。人工点授，以开花第一、第二天的花粉效果最好。大面积授粉时可采用机械喷粉，所喷粉剂为 1 份纯花粉混加 30～50 份的填充物（淀粉或滑石粉）；或由纯花粉 15 克加水 25 升配制成的含 0.1% 硼酸、10% 蔗糖的花粉液，该花粉液配制后 2 小时内花粉萌发率高。授粉品种结果习性好，则果实商品性好，经济效益高，没有花粉或花粉极少的品种不能作为授粉品种。樱桃园的有效授粉期因花期气象因子不同而异，通常在 1 周左右。由于花粉管从柱头生长到子房内需要一定的时间，因此开花授粉期也有限度。就单朵樱桃花而言，开花当天授粉坐果率最高，可达 95% 以上；开花 3 天内授粉率可达 80% 以上；开花第 4～5 天授粉率为 50% 左右；第六天授粉率只有 30%。整体而言，樱桃 25% 的花开放时，即可进行人工辅助授粉，并在 2～3 天完成。对于授粉树配置不当或没有授粉树的樱桃园，人工授粉费时、费工。直接在樱桃树上高接授粉花枝，其坐果率与人工授粉坐果率基本相同，值得在生产上推广应用。通常 1 株成年樱桃树可高接 6～8 条授粉花枝。

6. 促进花芽分化的方法有哪些?

甜樱桃的花芽分化包括生理分化和形态分化两个阶段。花芽生理分化在果实采收后 10 天左右进行，此时花芽开始大量分化，整个分化期需 1.5 个月左右完成。花束状果枝和短果枝上的花芽在硬核期就开始分化。叶芽萌动后，长成具有 6～7 片叶簇的新梢基部各节，其腋芽多能分化为花芽，翌年可结果。花芽形态分化期在 7～8 月份，此期为气温高、多雨季节，所以要加强土肥水管理，否则树体出现营养不良会影响花芽质量，甚至出现雌蕊败育花。但是高温、干旱的年份，花芽常发育过度，出现大量双雌蕊花形成畸形果，从而影响果实品质。

可以通过改善树体结构，提高树体的光合作用促进花芽分化，并结合夏剪调节树体结构，使树体营养更平衡。

（1）开张枝条角度　方法有拉枝、坠枝、别枝、拿枝等，最常用的是拉枝。拉枝是整形、缓势促花的重要手段，可缓和树体顶端和先端优势，改善光照，促使枝条的中后部多出短枝，提早结果。拉枝在 3 月下旬树液流动后或 6 月底采收后进行。因甜樱桃分枝角度小，过晚拉枝易劈裂、流胶，所以幼树拉枝早，一般在定植第二年即开始。拉枝的同时需配合刻芽、摘心、扭梢等措施，以增加发枝量，减少枝条无效生长。

（2）摘心　摘心可控制枝条旺长，促发二次枝，增加枝量，促进成花。摘心可分为早期摘心和生长旺季摘心。早期摘心一般在花后 10 天左右进行，幼嫩新梢保留 10 厘米左右把顶端摘除，摘心后，除顶端发生 1 条中枝以外，其他各芽均可形成短枝。早期摘心主要用于控制树冠和培养小型结果枝组。生长旺季摘心在 5 月下旬至 7 月中旬进行，旺枝留 40 厘米左右把顶端摘除，可以增加枝量；对幼树连续 2～3 次摘心能促进短枝形成，提早结果。

（3）扭梢　对甜樱桃中庸枝和旺枝都可采用此法。扭梢可影响有机养分下运，水分及无机养分上运，减少枝条顶端生长量，即相对增加枝条下部的优势，使下部短枝增多，把营养枝转化成花枝。在 5 月下旬至 6 月中旬对中庸枝扭梢，其基部当年可形成腋花芽。扭梢的方法是左手握住枝条下部，右手用力将枝条的 1/3 处扭曲即可。

（4）拿枝　拿枝是用手对旺梢自基部到顶端逐段将拿，伤及木质而不折断。拿枝具有较好的缓势促花作用，5～8 月份皆可进行。

（5）疏枝　疏枝一般在甜樱桃采收以后，6 月下旬至 7 月上旬进行。采收后疏枝，伤口容易愈合，对树体影响较小。此次修剪可部分代替冬剪，主要是进行疏枝或大枝回缩，具有调整树体结构、改善树冠内光照条件、均衡树势、充实花芽和促进花芽分化的作用。

（6）刻芽　刻芽主要是用于幼树整形和弥补缺枝，一般在芽顶变绿尚未萌发时进行，否则树体易流胶。在搞好夏季修剪的基础上，甜樱桃冬季修剪量极轻，刻芽进行的适宜时期是在树液开始流动至发芽期。冬剪时应避免修剪过重，刺激树体旺长，而主要是对直立旺长枝或竞争枝进行极重短截，促发中、短枝，对中庸枝和平斜枝则缓放。

7. 提高坐果率的方法有哪些？

（1）炼花器官　盛花前 10 天开始，每天晴天中午通风，使花器官尽早经受锻炼，接受一定的阳光直射，提高花芽发育质量。

（2）花期喷施叶面肥　盛花期前后，相隔 10 天各喷 1 次 0.3%尿素加 0.3% 硼砂液或磷酸二氢钾 600 倍液；或盛花期喷施 50 毫克/升赤霉素或稀土微肥 300 倍液，均可明显提高坐果率。赤霉素能增强植物细胞新陈代谢，加速生殖器官的生长发育，防止花柄或果柄产生离层，对减少脱花落果、提高结实率具有明显的作用。

（3）花期喷水　花期气候干旱，空气湿度低，易导致甜樱桃花失水，降低其花粉的发芽率。花期喷水可提高果园的空气湿度，减少高温干燥对花粉发育的抑制，达到提高授粉受精的目的。

（4）人工授粉　人工授粉宜在樱桃盛花初期开始，连续授粉 2～3 次。花束状花开放时，与授粉树花用毛掸相互轻轻触弹即可；或人工采集花粉，用毛笔点授。

（5）放蜂授粉　利用蜜蜂或壁蜂辅助授粉可提高花朵坐果率 20%，可在花期每个大棚设置 1 箱蜜蜂。当用壁蜂授粉时，蜂巢宜放置在距地面 1 米处，每巢内有 250～300 支筒长 15～20 厘米、壁径 5～6 毫米的巢筒。

（6）新梢摘心　花后 10 天左右及时对新梢摘心，防止新梢与幼果竞争养分。

8. 如何使树体合理负载？

为提高甜樱桃的单果重，提高果实的整齐度及果实品质，可采用疏花芽、疏花蕾、疏花及疏果等措施调整树体的负载量。

（1）疏花芽　萌芽前疏花芽。1个拥有7～8个花芽的花束状短果枝可保留饱满花芽4～5个。

（2）疏花疏蕾　花芽萌发后应进行疏花、疏蕾。不过，要掌握"疏晚花、弱花、疏发育枝上花"的原则。

（3）疏果　一般在甜樱桃生理落果后进行。疏果要视全株坐果情况进行，一般1个花束状短果枝留3～4个果，最多留4～5个果。疏果应疏小果、弱果、畸形果和光线不易照到、着色不良的果。叶片数不足5片的弱花束状果枝，一般不宜保留果实。

9. 防止裂果的方法有哪些？

一些甜樱桃品种极易裂果，严重影响其商品性。此外，不适当的灌水、过多施用氮肥及湿度过大等，都会引起甜樱桃裂果。为减少和防止裂果，应采取一些必要的措施。

（1）选用早、中熟品种　选用早、中熟的甜樱桃品种，如早大果、红灯、美早等。这些品种在雨季到来前成熟，可避免裂果。栽植晚熟品种应注意品种的抗（耐）裂性，目前比较抗裂果的品种有拉宾斯、斯坦勒等。

（2）加强果实发育期的水分管理　科学灌水，稳定土壤水分状况，保持水分平衡供应，防止土壤忽干忽湿。在甜樱桃果实硬核期至第二次速长期，要使土壤10～30厘米深处的含水量稳定在12%左右。在果实生长前期，要加强水分管理，使土壤含水量保持在田间最大持水量的60%左右。灌水原则是少灌勤灌，严禁大水漫灌，尤忌久旱浇大水。

（3）果实采收前喷施钙盐　甜樱桃采前裂果常与果实缺钙密切相关，而补充钙是预防甜樱桃采前裂果的重要措施。钙能增加果实中的可溶性固形物含量，减轻樱桃裂果；促使细胞壁发育，增强果皮韧性，提高果实抗裂果能力。落花后7天至成熟前，每隔7天叶面喷施1次0.3%氧化钙或氨基酸钙溶液。一般品种每7天左右喷施 1 次，早熟品种喷 2 次，中熟品种喷 2～3 次，晚熟品种喷 3～4 次。钙盐能增加果实中的可溶性固形物含量，降低樱桃裂果率。

（4）降低空气湿度　对保护地栽培的甜樱桃，果实膨大至着色期，随着枝梢的生长发育，叶面积增大，树体水分蒸腾量增加，棚内空气湿度随之增大。这时应经常开启通风装置，通风排湿。晚上放苦时可稍留通风口不完全关闭，以降低夜间棚内湿度。此外，还可在棚内放置生石灰降低湿度。

（5）遮雨　对于陆地栽培的甜樱桃，可建造简易遮雨棚，搭盖遮雨帐篷，实行避雨栽培；也可在降雨时用塑料膜或蛇皮袋临时遮盖，雨后揭去。

10. 促进果实着色的方法有哪些？

（1）叶面喷肥　花后脱萼前，叶面喷施氨基酸复合微肥或稀土微肥等可显著提高叶片质量，提高光合效率，促进果实红色发育，增加单果重。

（2）摘叶和转叶　摘叶是在合理整形修剪、改善树冠通风透光的基础上进行的。在果实着色期，将对果实严重遮光的叶片摘除即可。因果枝上的叶片对花芽分化有重要作用，所以切忌摘叶过重，以免影响花芽的分化和发育。短果枝上的果实被簇生叶遮住光线，不能正常着色，可在果实着色期将遮光叶片轻轻转向果实背面，增加果实见光量，促进果实着色。

（3）铺设反光膜　果实采收前 10～15 天，可在树冠下铺设银色反光膜，利用其反射光，增加树冠下部和内膛果实的光照度，促进果实着色。

（4）清洁棚膜　对保护地栽培的甜樱桃，要经常清除棚膜上的灰尘和杂物，增加棚膜的透光率，促进果实着色。

11. 采果后的树体需要哪些管理？

（1）叶面喷肥　果实采收后至落叶前，每隔 15～20 天喷 1 次

0.5%～1%尿素溶液，或0.3%～0.5%磷酸二氢钾溶液，连喷2～3次。以上叶面肥也可与相应的杀虫剂和杀菌剂混合喷施，既可增加树体营养，促使叶片光合效率，防止叶片早衰脱落，又可保护叶片不受病虫危害。

（2）**基肥早施**　基肥可分2次施入，采果后先追1次，以氮肥为主，其施肥量根据树体长势决定。此次基肥可以延长叶片寿命，提高光合作用。第二次基肥是在落叶后施入，以含有机质较多的农家肥为主，包括腐熟的圈肥、堆肥、各种动物的粪便等。一般秋施基肥量应占全年施肥量的60%～70%，有机基肥可按每平方米1～2千克施入。

（3）**科学防病虫**　采果后主要防治的病虫对象有：梨黑星病、梨木虱、黄粉蚜、白粉蚧等。药剂可选用多菌灵、甲基硫菌灵、菊酯类、硫磺悬浮剂等。适当加大药剂浓度，能有效地杀灭越冬害虫。霜降前果树大枝杈绑草把，引诱梨木虱、黄粉蚜、白粉蚧等害虫潜入草把内越冬产卵，等12月份时取下草把焚烧。杂草、枯枝、落叶、残果，应集中深埋或烧毁，彻底清理。

（4）**深翻树盘**　果树新梢停长后至封冻前，约10月上中旬，在树下深翻20厘米左右。但要将翻出的土块打碎，这样不仅可以疏松土壤，增加土壤孔隙，促进微生物活动，还可以促进根系的发育和呼吸，有利于促发新根。

（5）**浇封冻水**　落叶后至上冻前，可结合施基肥，采用畦灌、沟灌、穴灌等方法浇封冻水。但无论哪种浇水方式，都得将土壤灌足灌透，才能有效地提高树体抗冻、抗病能力。

（6）**树干涂白**　冬季树干涂白既可减轻冻害，又可消灭树皮下裂缝中的越冬害虫。涂白的时间最好选在落叶后至封冻前。涂白剂的配方：生石灰10份，石硫合剂原液2份，食盐2份，黄土2份，水40份。方法是：先用凉水化开生石灰并去渣；将化开的食盐、石硫合剂、黄土和水倒入石灰水中，搅拌均匀即可。

12. 如何做好采后清园工作？

近年冬季多出现暖冬现象，直接导致越冬虫口基数和病原菌加大，进一步加重了病虫防治难度。此外，受高温、干旱、阴雨等自然因素的影响，某些病虫害的危害程度也在加重，如苹果褐斑病，红蜘蛛、金纹细蛾引起的早期落叶病，梨木虱危害引起的早期落叶和柿树炭疽病等。而且，人为因素的管理不利，也会使果园杂草丛生、病虫泛滥，给病虫猖獗埋下了隐患。为了减轻病虫防治压力，应当及早行动，抓住采果后的有利时机，做好清园工作。具体措施如下：①在施基肥的同时，树上喷1次"杀虫剂＋杀菌剂＋叶面肥"的药剂。药剂浓度可以适当加大，尽可能铲除树体上的越冬虫源及菌源。②绑草把、扎诱虫袋等，诱使害虫在草把或袋内聚集越冬，然后将其解除烧毁。此法诱虫谱广，经济实用。③剪除病虫枝梢，捡拾病虫果、支撑棒、废旧果袋等，集中烧毁。④落叶后，清扫落叶，带出园外集中烧毁，也可减少越冬病虫基数，为果树丰产打好基础。

八、整形修剪

1. 甜樱桃整形修剪的依据是什么?

（1）**树势强旺，生长量大** 在北方果树中，甜樱桃生长量最大。在乔砧上，甜樱桃幼树新梢当年可生长2米以上，而其过旺的营养生长，会延迟甜樱桃生殖生长的进程，这也是甜樱桃幼树进入丰产期相对较晚的重要原因。

（2）**萌芽率高，成枝力弱** 与其他北方落叶果树相比，甜樱桃萌芽率较高，1年生枝除基部几个瘪芽外，绝大多数均可萌芽。但在自然缓放的情况下，1年生枝只有先端1~3个芽可抽生较强旺枝，其余多为中、短枝，中后部的芽甚至不能成枝，仅萌发几个叶丛枝。而这些叶丛枝与母体连接很不牢固，至生长中后期易脱落。大枝上的中、短分枝易转化为各类结果枝。

（3）**顶端优势及干性强，枝条生长势两极分化严重** 果树顶端、直立、背上的枝条生长很强，而下端斜生、背下的枝条生长很弱。甜樱桃树的枝条两极分化严重，易形成优势枝条延长、劣势枝条（包括叶丛枝）干枯脱落的现象。所以，抑制甜樱桃顶端优势，均衡树势，刺激小枝抽生，防止内膛光秃，形成立体结果是甜樱桃的主要修剪目标。

（4）**不同树龄对修剪反应的敏感程度不同** 甜樱桃幼树对修剪反应极为敏感，中长枝短截后普遍发生3个以上强旺新梢，且生长量大，对增加分枝有利。中长枝缓放，则极易形成串枝花，可大量结果。成年树大量结果后，对修剪反应迟钝，一般的回缩、短截等复壮效果均不明显，需加大修剪量，才能保证剪口下发出较强旺枝，达到复壮的目的。根据甜樱桃这一特性，对不同树龄修剪须用不同方法，以便合理地调整甜樱桃营养生长和生殖生长的关系，使甜樱桃能在树体健壮的基础上，获得稳产、高产。

2. 甜樱桃修剪的基本原则有哪些?

（1）因树修剪，随枝做形　甜樱桃在人工栽培条件下，应根据其品种的生物学特性，以及不同生长发育时期、不同树龄、立地条件、目标树形等具体情况而确定修剪方法和修剪程度，以达到最佳修剪效果。修剪应做到"有形不死、无形不乱"，建造一个丰产树形，既不影响早期产量，又使树体生长与结果均衡合理。

（2）统筹兼顾，合理安排　根据栽植密度选择适宜的树体骨架，既要长远规划，又要考虑实际，不应片面追求某一个树形，要做到"有形不死，无形不乱"，灵活掌握。对具体植株或枝条要灵活处理，建造一个符合丰产、稳产树体的结构，做到主从分明，条理清楚，既不影响早期产量，又要建造丰产树形，使生长与结果均衡合理。

（3）重视夏剪，促进成花　甜樱桃要特别注意夏季修剪工作，可采取摘心、扭梢、环割等措施，促进枝量的增加和花芽形成。在春季各主枝枝条长20厘米以上时，可用竹签撑枝，开张角度。7～9月份应做好拉枝工作，使树体从营养生长向生殖生长转化，以利提早成花。

（4）轻剪为主，轻重结合　甜樱桃生长结果情况在周年生长发育和整个生命周期中各有不同，修剪的目的和方法也有差异。要根据甜樱桃不同时期生长发育特点以及树体的具体情况修剪，以"轻剪为主，轻中有重，重中有轻，轻重结合"的修剪原则，调节树体生长势，解决好生长与结果的关系，维持更长的结果年限，达到壮树、丰产的目的。

3. 甜樱桃的修剪时期及方法有哪些?

甜樱桃的修剪包括冬季修剪和夏季修剪两种方法。冬季修剪若在落叶后和萌芽前这段时间进行,则很容易造成剪口干缩、流胶,甚至引起大枝死亡。同时,休眠期修剪只促使树体局部长势增强,而整个树体的生长被削弱。一般修剪量越大,对局部的促进作用越大,而对树体的整体削弱作用越强。甜樱桃的冬季修剪最佳时期宜在树液流动之后至萌芽前这段时期,这一时期的主要修剪方法有短截、缓放、疏剪等。

幼树一般提倡夏季修剪,夏季修剪又称为生长期修剪。该时期修剪的优点:一是剪口容易愈合,不易枯死;二是夏剪矮化了树体,稳定了树势,可以更有效地利用空间;三是由于树体过旺生长受到了抑制,因而消灭了由轮枝孢属真菌所引起的枯萎病,并抑制了在幼树休眠期危害树体的细菌性流胶病;四是增加了枝叶量,促进了花芽的形成,能提早结果。夏季修剪方法主要有摘心、扭梢、环割、拉枝、拿枝等。盛果期树宜冬季修剪,但须根据不同树龄合理掌握修剪方法。不同生育时期、不同目标树形、不同立地条件,在修剪方法上都有所不同,各类修剪手段要综合使用。

(1)冬季修剪 甜樱桃冬季修剪的方法比较多,主要有短截、疏枝、回缩、缓放等。

①短截 剪去1年生枝一部分的修剪方法。依据短截程度,可分为轻短截、中短截、重短截、极重短截4种。

轻短截:剪去枝条全长1/3以下叫轻短截。轻短截有利于削弱枝条顶端优势,提高萌芽率,降低成枝率,能够形成较多的花束状果枝。在幼树上对水平斜生枝条轻短截,有利于提高结果量。

中短截:剪去枝条全长1/2左右叫中短截。常用于甜樱桃骨干枝的修剪。中短截有利于维持顶端优势。枝条中短截后,萌芽力一般,成枝力较高,生长更健壮。在甜樱桃幼树上,对骨干枝延长枝和外围发育枝进行中短截后,一般可抽生3~5个中长枝条。在结果大树上，特别是成枝力弱的品种上，经常利用中短截培养结果枝组，这样有利于增加分枝量，也能促发花枝组后部的果枝。

重短截：剪去枝条全长 2/3 左右叫重短截。重短截能加强顶端优势，促进新梢生长，提高营养枝和中长枝比例。重短截在平衡树势上应用较多，在骨干枝先端背上培养结果枝组时也应用较多。

极重短截：只留基部瘪芽或花芽叫极重短截。这种方法只是在准备疏除的 1 年生枝上应用。因为其上瘪芽发育不良，抽生的新梢长势也弱，所以可达到控制树冠和培养花束状果枝的目的。当枝条基部只有腋花芽时，先在最上面 1 个花芽处短截，待结果后再从基部疏除。

特别注意的是极重短截在夏剪时应慎重使用。当枝条基部已形成腋花芽，而且时间已到 7 月中下旬，就不要用极重短截的方法，否则枝条易二次开花，并严重削弱树势，影响翌年结果。

②**疏枝** 把 1 年生枝从基部剪除或多年生枝从基部锯除叫疏枝。疏枝主要应用于疏除树冠外围的过旺、过密枝条，作用是方便树体通风透光和平衡树势。一般在采果后进行最适宜。

③**回缩** 对外强内弱、上强下弱、内膛短枝多、中枝少的树，应分别采用单轴缓放，选择内膛优势部位的壮枝进行回缩。对骨干枝中截，减少外围枝数量。对缓放大枝在合适的分枝处回缩。对内部短枝数量过多、花芽密度过大的树，应在混合枝花芽以上部位的叶芽处短截，促使前部发枝，提高坐果率，切忌齐花截，以免结果后不发枝，成为死枝。

④**缓放** 对 1 年生枝不短截，任其自然生长的修剪方法。缓放与短截的作用效果正好相反，主要是缓和枝势、树势，调节枝叶量，增加结果枝和花芽数量。当然，枝条缓放后的具体状况，常因枝条的长势、着生部位和生长方向有所差异。经缓放，尤其是连年缓放后，生长势强、着生部位优越、直立的枝条更显粗壮，花束状果枝也多。而长势中庸、斜生的枝条，缓放后加粗生长量小，枝量增加快，枝条密度大，且花束状果枝较健壮，在缓放枝上的分布也

较均匀。因此，在甜樱桃幼树和初果期树上，适当缓放中庸斜生枝条，是增加枝量、减缓树势、早成、多成花束状果枝，提早结果和早期丰产的有效措施之一。在缓放直立竞争枝时，由于枝条加粗快，常会扰乱树形，使下部短枝枯死，结果部位外移。所以，缓放这类枝条时应与拉枝开角、减少先端的长枝数量等措施相配合，或与环割相结合。

（2）夏季修剪　因甜樱桃树夏季不易流胶，所以甜樱桃的修剪以夏剪为主。适当剪除大枝后，在伤口上涂抹白乳胶或油漆，可防止修剪处流胶，促进伤口愈合。夏季主要修剪方法有刻芽、拉枝、摘心、扭梢、回缩、拿梢、环剥等。

①刻芽　刻芽在芽尖露绿时进行，且刻的深度要较苹果重，否则发枝不旺。方法是在芽或叶丛枝上方横切一刀，深达木质部。刻芽的作用是提高侧芽或叶丛枝的萌发质量，增加中长果枝的比例，以促生枝梢，防止树干光秃。刻芽仅限于幼旺树、主枝缺枝部分，以及强旺枝上进行；刻芽部位应在芽体上方 0.5 厘米处，这样抽生的枝开角大，否则易抽生角度小的夹皮枝。另外，刻芽早，刻芽深，发枝强；刻芽晚，刻芽轻，发枝弱。

②拉枝　拉枝是甜樱桃非常重要的夏剪工作。冬季修剪并不能一次性解决甜樱桃树体的通风透光条件，而夏季通过拉枝可解决冬剪解决不了的问题。拉枝有利于改善光照，防止结果部位外移，有利于削弱顶端优势，缓和树势枝势，增加短枝量，促进花芽形成。拉枝应提早拉，一般在 6 月份拉枝开角，这样利于形成结果枝，提早结果，而且此时甜樱桃树体反应比较温和，背上不易冒条。在主枝长至 20 厘米左右时，撑开新梢基角至水平位置；30～40 厘米时，拉枝至水平甚至到 120° 左右，并配合摘心、扭梢等不同措施，主枝抬头即拉。这项工作可一直持续到 9 月份，但每年最少 2 次。拉枝时应注意，先确定拉枝部位，不可拉枝呈"弓"形。另外，拉枝绳应用较柔软的塑料捆扎绳并常调整绑缚部位，以免缢伤树干，引起流胶死树。拉枝应在春季树液流动后至萌芽前，以及甜樱桃生长季

节这两个时间段进行。

③**摘心**　摘心是指在新梢木质化前，摘除其先端部分。摘心主要用于增加幼树或旺树的枝量或整形。通过摘心可控制新梢旺长，增加分枝级次和枝叶量，加速树冠扩大，促进树体营养生长向生殖生长转化，促生花芽，有利于幼树早结果，并减轻冬季修剪量。摘心可分为轻度摘心、中度摘心和重度摘心 3 种方式。

轻度摘心：一般在花后 7～8 天进行，当新梢长至 15 厘米左右时，只摘除顶端 5 厘米左右的新梢即可。摘心后，除顶端发生 1～2 条中枝外，其余各芽可形成短枝和腋花芽。此法一般应用于"V"形树和纺锤形树主枝的小侧枝及柱形树体主枝的修剪，主要目的是控制树冠和培养小型结果枝，减少幼果发育与新梢生长对养分的竞争，提高坐果率。当新梢生长量在 10～20 厘米时，通过连续轻摘心，就能形成结果枝。

中度摘心：当新梢长至 40 厘米以上时，摘去新梢 20 厘米左右，即可萌发 3～4 个分枝。中度摘心主要应用于改良纺锤形树主枝头和小冠疏层形主枝头的修剪。

重度摘心：当枝条长到 30 厘米以上时，留枝 10 厘米左右摘心，即可形成结果枝。重度摘心主要在小冠疏层形和改良纺锤形主干枝的侧枝未及时摘心时使用。

一般中度摘心和重度摘心在 5 月下旬至 7 月下旬进行。7 月下旬后摘心，发出的新梢多不充实，易抽干，易受冻害，所以进入 8 月份不再摘心。

④**扭梢**　扭梢是指在新梢木质化时，于基部 4～5 片叶处轻轻扭转 180°，伤及木质部但不折断，从而使新梢下垂或水平生长的修剪方法。此法主要应用于背上直立枝、内向枝和旺枝的修剪，能有效削弱枝条生长势，增加小枝量，促进花芽形成。扭梢要把握好时间，必须在枝条半木质化时进行，过早、过晚都易使枝条折断死亡。

⑤**回缩**　剪去或锯去多年生枝的一段叫回缩。适当回缩，能促进枝条转化，增强回缩部位下部枝的生长势。回缩主要应用于老

树、衰弱树或主枝的更新复壮。

⑥拿梢　拿梢是指用手对旺梢自基部至顶端逐渐捋拿，伤及木质部而不折断的修剪方法。拿梢时间一般自采收后至 7 月底以前进行。其作用是缓和旺梢生长势，增加枝叶量，促进花芽形成，还可调整 2～3 年生树骨干枝的方位和角度。

⑦环剥　甜樱桃环剥的时间性很强，在开花前至花后 10 天内进行。据观察发现，甜樱桃的环剥程度可略重于苹果环剥，在主干或主枝上均可，环剥后树体短枝群及花束状枝明显增多。

4. 甜樱桃主要丰产树形有哪些？如何对其整形？

（1）自然开心形　该树形与桃树的自然开心形树形相似：干高 30～40 厘米，无中央领导干；全树主枝 3～5 个，开张角度 30°～40°；每个主枝上留有 2～3 个侧枝，向外侧伸展，开张角度 70°～80°；主枝和侧枝上会培养不同类型的结果枝组；树高控制在 3 米左右，树冠呈扁圆形或圆形。

（2）改良主干形　干高 50～60 厘米，有直立的中央领导干，中央领导干上配合十多个单轴延伸的主枝；螺旋着重在中心干上，角度近水平；主枝可以分层或不明显分层，在主枝上着生结果枝组；树高一般 3 米左右，栽植密度低时，可高一些，密度大时可矮一些。

（3）自由纺锤形　有 1 个直立健壮的中心干，全树留小主枝 10～12 个，分布于中心干上，下部的主枝长些，上部的主枝短些，干枝比 3～3.5∶1。基部主枝可取 3～4 个为一层，层内各主枝间距 30～40 厘米，再往上主枝不再分层，而是使主枝采取螺旋式向上均匀插空的排列方式。同株树上的主枝开张角度，依主枝着生位置有所区别，下部主枝角度为 80°～85°，中部、上部主枝角度为 85°～90°。全树有主枝无侧枝，结果枝组直接在主枝上（图 8-1）。

（4）细长纺锤形　有中心干，干高 40～60 厘米，树高 2～3.5 米，冠径 1.5～2.5 米。第一层有三主枝，主枝上没有侧枝，直接着生结果枝组。第一层主枝以上的中心干上均匀地分布着大小较

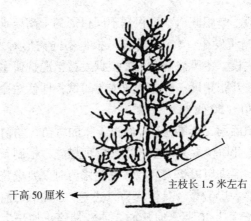

干高 50 厘米

主枝长 1.5 米左右

图 8-1　自由纺锤形

一致、水平生长的 15～25 个侧生分枝，轮生分布，不分层次。下部枝略长，上部枝略短，全树修长，顶部呈锐角，整个树形呈细长纺锤形，适于密植矮化栽培。

（5）小冠疏层形　干高 30～60 厘米，树高 3～3.5 米，冠径 3～3.5 米。主枝 6 个，分 3 层，第一层 3 个，第二层 2 个，第三层 1 个，主枝基角 60°～70°，层间距 60 厘米。二层以上主枝不留侧枝，直接着生结果枝组。

5. 甜樱桃幼树期的修剪要点有哪些？

为促使幼树早结果，在整形的基础上，对各类枝条的修剪程度要轻，以生长期摘心为主。适当控制枝梢旺长，增加分枝，可加速扩大树冠，建立牢固的树体骨架。整形时要注意平衡树势，使各级骨干枝从属关系分明，当出现主、侧枝不均衡时，要"压强扶弱"，即对过强的主、侧枝进行回缩，利用下部背后枝作主枝头，延长枝适当重剪。冬季修剪时间应推迟到萌芽前，以避免剪口失水干枯。除对主枝、延长枝短截和适当间疏一些过密、交叉枝外，其余中、小枝要尽量保留。

（1）定植后第一年的修剪　苗木定植第一年，要经历一个缓苗期，长势一般不是很旺盛。可根据不同树形的干高要求定干。定干后当年一般能萌发 3～4 个发育枝。根据不同树形对主枝的要求，选好第一层主枝。冬季修剪时，要根据发枝情况选留主枝。留作主枝者，须拉枝开张角度，轻剪长放或不短截；即使短截，短截时也要剪留长度 40～50 厘米。

（2）定植后第二年的修剪　经过 1 年的缓苗，幼树开始进入旺盛生长阶段。此阶段要采取生长期的修剪措施，控制新梢旺长，增加分枝级次，促进树冠扩大。在休眠期修剪时，要选留、培养好第二层主枝及第一层侧枝。具体修剪方法是：6 月中旬前后新梢速长期，当新梢长度达 20 厘米时摘心，使新梢停止加长生长，促进侧芽萌发。

（3）初果期树的修剪　结果初期是指从开始开花结果到大量结果之前的这段时期。这一时期修剪的主要任务是继续完成树冠整形，增加枝量，培养结果枝组，平衡树势，为果树过渡到盛果期创造条件。

6. 甜樱桃盛果期的修剪要点有哪些？

甜樱桃进入盛果期后，随着树冠的扩大，结果量的增加，长势渐趋稳定。此期修剪的主要任务是保持树体中庸、健壮、稳定的长势，保持合理的群体结构和树体结构，维持结果枝组的生长结果能力，延长盛果期的有效结果年限。

（1）保持中庸、健壮、稳定的长势　中庸、健壮、稳定的长势是壮树的标志。盛果期甜樱桃壮树的主要指标为：一是外围新梢的生长量为 30 厘米左右，枝条粗壮，皮色较深，芽体饱满；二是多数的多年生花束状果枝或短果枝具有 6～8 片莲座叶，叶面积中等大，叶片厚，叶色深，花芽饱满充实；三是全树长势比较均衡，无局部旺长或衰弱的表现。

此阶段在修剪上需注意以下三个目标：一是通过稳定修剪量来稳定枝量和花芽量。二是骨干枝枝头要清，防止多头延伸。骨干枝枝头留强还是留弱、是放还是缩，主要由其后部的结果枝组和结果枝的长势、结果能力而定。如果结果枝组和结果枝的长势好，结果力强，则外围选留壮枝继续延伸；如果结果枝组和结果枝的长势弱，结果能力开始下降，则外围要选留偏弱枝延伸，或轻回缩到一个偏弱的中枝上当头。三是对于可能出现的局部旺长或偏弱的枝，要采取"抑强扶弱"的修剪方法予以调整。必须指出的是，中庸、健壮、稳定的长势，不能单纯依靠修剪来维持，还要依靠合理的肥水管理。

（2）保持合理的群体结构和树体结构　保持树冠大小，既要避免因长势减弱而加重修剪量、冠体缩小、结果面积减小的弊病，又要防止骨干枝无限延伸，而引起树体交接率增加，内膛衰亡光秃的弊端。修剪上，前者可通过保持树体健壮、稳定的长势来解决。后者可通过对骨干枝枝头的缩放修剪来克服，从而使果园覆盖率长期稳定在75%左右，不超过80%。

保持自然开心形3～4个主枝、18～20个侧枝，改良主干形1（中）干10主（枝）的骨干枝数量，并且保持好这些骨干枝的适宜开张角度。骨干枝角度过小时要及时撑拉，角度过大时要及时吊顶。对可能扰乱树形的枝要及时抹除或疏除。

（3）保持结果枝组和结果枝的生长结果能力　对延伸型枝组来说，只要其中轴上的多年生短果枝和花束状果枝莲座叶发达，叶片中等大，叶腋间形成的花芽饱满充实，坐果率较高，果个发育良好，则表明该结果枝组及其上的结果枝生长、结果正常。对这种枝组可以采用缩放修剪法进行维持：放时以中庸枝带头，不必短截；缩时轻回缩到2～3年生枝段上，选中庸枝或偏弱的中枝带头，以保持稳定的枝芽量。当枝轴上的多年生短果枝和花束状果枝叶数减少，叶片变小，叶腋间的花芽也变小，坐果率开始下降时，要及时轻回缩，选偏弱枝带头或"闷顶"不留带头枝，以适当减少枝芽数量，保持和巩固中部、后部的结果枝。此时切忌重回缩，以免减少结果部位，降低结果能力。

分枝型枝组经常根据其中下部结果枝的结果能力，在枝组先端的 2～3 年生枝段处缩剪，促生分枝，增强长势，增加中、长果枝和混合枝的比例，保持和复壮枝组的生长、结果能力。

甜樱桃树盛果后期，骨干枝长势衰弱时，要及时在中、后部缩剪，以促使潜伏芽萌发抽枝，更新骨干枝。

7. 甜樱桃衰老期的修剪要点有哪些?

主要任务是及时更新复壮、利用生长势强的徒长枝来形成新的树冠。对衰弱而无结果能力的骨干枝，要及时回缩。隐芽寿命为 5～10 年，可利用隐芽回缩更新。为了便于回缩后幼枝更新，回缩处最好有生长较正常的小分枝，这也利于减小树体损伤。回缩修剪后发出的徒长枝，选择方向、位置和长势适当，向外开展的枝培养成新主枝、侧枝。过多的徒长枝应疏除，留下的其余徒长枝应短截，促发分枝后缓放，使其形成结果枝组。大枝更新也应在采果后进行，以免引起伤口流胶。

8. 整形修剪中存在的主要问题有哪些?

第一，甜樱桃顶端优势强，两极分化重。大枝后部易光秃，光秃部位更新能力差；1 年生枝萌芽率高，成枝力弱，健壮叶丛枝易成花芽，弱叶丛枝很易枯死。

第二，甜樱桃幼树对修剪反应极敏感，长枝短截后易发生 3 个以上强旺新梢；初果期树果实采收后正值雨季，往往处于旺长状态，能加重冠内叶丛枝枯死；中、长枝缓放易形成串花枝。甜樱桃盛果期后对修剪反应迟钝，回缩枝组一般达不到复壮效果。

第三，当前的甜樱桃产区，因修剪技术水平参差不齐，在整形修剪中存在的问题较多，主要表现：①在幼树上的短截手法偏多，严重刺激了树体的营养生长，造成发枝太多，树冠郁闭，光照条件不好，进入结果年限较晚的现象。②对于结果树部分品种，一律采取回缩、短截的修剪方法。③不分树势强弱，不分季节，不注意年龄时期，皆采用相同的修剪方法等。

9. 甜樱桃修剪中要注意的事项有哪些?

第一，冬季修剪在整个休眠期内都可进行，但对于甜樱桃来说则是越晚越好，一般接近芽萌动时修剪为宜。

第二，甜樱桃的花芽是侧生纯花芽，顶芽是叶芽。花芽开花结果后形成盲节，不再萌发。修剪结果枝时，剪口芽不能留在花芽上，而是应留在花芽段以上 2～3 个叶芽上。

第三，树体枝干受伤后，甜樱桃的伤口愈合能力差，根和枝的伤口均难愈合，且容易受到病菌侵染，导致流胶或发病，因此在田间管理上须特别小心，不要损伤树体和枝干；尽量避免粗枝和粗根的疏除；做好伤口保护工作，甜樱桃树应慎重采用环剥技术，因环剥后枝干易流胶和折断。

第四，甜樱桃喜光，极性强，在整形修剪时若短截外围枝过多，就会导致外围枝量过大、枝条密集、上强下弱、内膛小枝和结果枝组容易衰弱枯死等。

第五，甜樱桃树环剥以后，伤口愈合较慢，即使环剥，其环剥宽度也不要超过 0.5 厘米，且因甜樱桃的树势不同，特别是施有机肥少的树，环剥后容易出现流胶现象，因而在生产上应慎用此法。

第六，控制新梢旺长的办法：一是喷施复合型的植物生长激素或多效唑。一般在春季花期前后喷布复合型植物生长激素 150～200 倍液。二是及时摘心，顶部新梢长 5～7 厘米时就可以摘心，仅摘去先端部位。对其他新梢也要及时摘心，对 20 厘米左右的新梢摘心时，可去掉 10 厘米左右。摘心须在半木质化部位进行。

第七，掰芽与疏果。甜樱桃可以于发芽 1 个月前开始疏芽，即 2 月下旬至 3 月下旬进行，在发芽前完成。甜樱桃疏芽一般要求疏掉总量的 50% 左右，疏芽一般有 3 种方法：一是每个花束状的短果枝均疏掉 50% 左右，一般留芽 3 个为宜；二是每个花束状的短果枝隔一去一；三是灵活处理，强枝组多留一点，弱枝组少留一点。实际上去掉 50% 的芽只是大体的标准，具体疏芽时也应当是"弱树多疏、强树少疏"。疏芽时绝对不能疏掉中心芽，即叶芽。

疏果期是在生理落果结束，花后20～30天，即5月上中旬时疏果，每个花束状短果枝留3个左右的果。在5月份一定要把果疏完。

第八，要注意抓好甜樱桃的土肥水管理，以及其他综合管理。①要重视有机肥的施用，每500克果需有机肥750～1000克，没有条件的要施用质量好的复合肥。甜樱桃园的施肥量应根据当地的土壤条件和施肥特点确定。花后追肥要以氮肥为主，时间要在花后10～20天完成，最后1遍施肥要在采果前30天完成。②要注重叶面喷肥，地下施与树上喷相结合，重视氮肥、硼肥、锌肥、钾肥、钙肥的喷布。叶面喷肥可与喷药结合起来，最后1次叶面喷肥要在距果实采收期20天以前完成。甜樱桃树在4～5月份，尤其是5月份对水分的要求最高，要保证此期土壤湿润，可每7～10天浇1次小水。须注意的是：甜樱桃不能浇大水，也不能没有水，要特别注意土壤的湿润；最好是浇小水，可采取半边轮换浇水的方法；浇大水易引起树体流胶。提倡秋施基肥加2次追肥的办法。③要特别重视春季肥水管理；夏季要搞好排水防涝、果园保叶，旺树喷打PBO等生长控制剂，不盲目施肥，以控制旺长；秋季要搞好树体营养储备；冬季要注意树体保护，如晚秋早春2次喷白、浇好封冻水等。④提倡高畦覆盖秸秆、杂草，或生草技术。因甜樱桃根浅，怕风，所以可以用铁丝等加以固定。⑤要特别注意花期的气候条件。甜樱桃不喜欢高温，花芽分化时若遇高温则易形成畸形果，如"双胞胎"等，会降低甜樱桃的经济效益。

最后要强调说明的是一定要避免盲目使用多效唑。多效唑在核果类果树上使用效果较好，甜樱桃上使用多效唑要注意以下4个问题：①仅限于在无果的幼龄果园中使用。因为它的使用会影响果品质量，所以结果树上不能使用。②只可树上喷洒，不能土壤使用。③该药的效果不仅取决于其浓度，更主要取决于用药量。④该药剂可用三唑酮代替。三唑酮也为多效唑类，与其有类似效果，即三唑酮不仅可防治桃树等果树病害，而且对核果类果树生长有良好的抑制效果。

九、主要病虫害防治

1. 病虫害综合防治包括哪些手段？

一般情况下，防治病虫害的方法有 4 种，即农业防治、生物防治、物理防治和化学防治方法。

（1）**农业防治**　农业防治是根据树体、有害生物、生态环境三者之间的关系，运用一系列农业技术，改变生态系中某些条件，使之不利于有害生物的生存发展，而有利于甜樱桃树的生长发育，增强树体对有害生物的抵抗能力。农业防治可操作性强，且不污染环境，是在果品安全生产中优先采用的防治方法。

①**培育健壮无病毒苗木**　甜樱桃根癌病等根部病害和病毒病较严重，发病的因素较多，主要是土壤中存在的致病病原，苗木根系和接穗携带有病菌。对病毒病的防治，目前尚无有效的方法和药剂，主要是根据传播侵染发病的特点，隔离病原及中间寄主，切断传播途径；严禁使用染毒的砧木和接穗，繁育健壮无病毒的苗木。

②**合理密植、间作，避免重茬**　定植密度既要考虑果树提前结果及丰产，又要兼顾果园的通风透光条件。果园间作绿肥及矮秆作物，可以提高土壤肥力，丰富物种多样性，增加天敌控制效果。老果园应进行土壤处理后再栽树，并避免栽在原来的老树坑里。

③**加强管理，保持树体健壮**　加强土肥水管理，合理修剪，采用疏花、疏果、控制果树负载，增强树体抗病能力。秋末冬初彻底清除落叶和杂草，消灭其上越冬的病虫，可减少病虫越冬基数。冬季修剪时，将在枝条上越冬的卵、幼虫、越冬茧等剪去，以减轻翌年

害虫的发生与危害。夏剪可改善树体通风透光条件，抑制病害发生。

（2）生物防治　生物防治指利用生物活体或生物源农药控制有害生物，如天敌昆虫、植物源、微生物源和动物源农药等其他有益生物的利用。生物防治不会对环境产生任何不良反应，对人、畜安全，在果品中无残留。目前主要采用以下途径。

①保护和利用天敌　甜樱桃是多年生果树，果园生态系统中物种之间存在相互制约、相互依存的关系，各物种在数量上保持着自然平衡，使许多潜在害虫的种群数量稳定在危害水平以下。这种平衡除了受到物理环境的限制外，更主要是受到果园天敌的控制。果园天敌种类十分丰富，据不完全统计，其种类数量达 200 多种，仅经常起作用的优质种类就有数十种。因此，在果园生产中，应充分发挥天敌的自然控制作用，避免采取对天敌昆虫有伤害的防治措施，尤其是要限制广谱有机合成农药的使用。同时，改善果园生态环境，保持生物多样性，可为天敌提供转换寄主和良好的繁衍场所。冬季刮树皮时应注意保护翘皮下的天敌，发现天敌后要妥善保存，并放进天敌释放箱内；让寄生天敌自然飞出，以增加果园中天敌数量。有条件的地区可以人工饲养和释放天敌。

②利用昆虫激素防治害虫　目前，我国生产的梨小食心虫、苹果小卷叶蛾、苹果褐卷叶蛾、桃蛀螟、桃潜蛾等害虫的专用性诱剂，主要用于害虫发生期测报、诱杀和干扰交配。

③利用有益微生物或其代谢产物防治害虫　果园内可利用真菌、细菌、放线菌、病毒、线虫等来防治病虫害。目前，利用苏云金杆菌（Bt）防治鳞翅目幼虫收到了较好的效果。此外，利用昆虫病原线虫防治金龟子幼虫、用嘧啶核苷类抗菌素防治腐烂病等，具有复发率低、愈合快、用药少、成本低等优点。

（3）物理防治　此法是应用物理学原理来防治病虫害，主要方法有以下 3 种。

①利用昆虫的趋光性诱杀　果园设置黑光灯或杀虫灯，可诱杀多种果树害虫，将其危害控制在经济损失水平以下。频振式杀虫灯

利用害虫较强的趋光、趋波、趋色、趋味的特点，将光波设在特定的范围内，近距离用光，远距离用波、色、味引诱成虫扑灯，灯外配以频振高压电网触杀，以此降低田间落卵量，压缩虫口基数。

②**害虫越冬前，诱集害虫**　利用害虫在树皮裂缝中越冬的习惯，树干上束草把、破布、废报纸等，诱集害虫越冬，翌年害虫出蛰前集中消灭。

③**冬季树干涂白**　树干涂白可防日灼、冻害，也可阻止天牛等害虫产卵危害。

（4）**化学防治**　化学防治是指利用化学合成的农药防治病虫。在我国目前条件下，化学农药对病虫害的防治，仍起到不可替代的作用。由于农药对环境有一定破坏作用，因此必须科学合理使用，使其对环境的影响降到最低程度。化学农药安全使用标准和农药合理使用准则，应遵照 GB／T 4285 和 GB／T 8321 执行。

生产安全优质果品，提倡使用矿物源、植物源和微生物源农药，以及高效、低毒、低残留农药。矿物源农药主要是波尔多液和石硫合剂。害虫和病菌对这两种药剂不容易产生抗药性，且持效期较长。禁止使用剧毒、高毒、高残留农药和致畸、致癌、致突变农药，包括滴滴涕、六六六、杀虫脒、甲胺磷、对硫磷、久效磷、磷胺、甲拌磷、氧化乐果、水胺硫磷、特丁硫磷、甲基硫环磷、治螟磷、甲基异柳磷、内吸磷、克百威、涕灭威、灭多威、汞制剂、砷制剂等。

①**常用的杀虫剂**　与苹果、梨、桃、葡萄等果树相比，甜樱桃的虫害种类较少，使用的化学农药量也少，建议生产上防治害虫时采用国家推荐的无公害农药。

机油乳剂：属于天然无机农药，通过覆盖虫体气孔使其窒息死亡，并有溶蜡效果，因此对介壳虫类有特效，还能防治一些越冬虫卵。过去使用的机油乳剂是粗制机油，仅能在休眠期喷干枝使用，现在有精制机油乳剂产品，可以在生长季节使用，如安普敌死虫、喷淋油产品。

拟除虫菊酯类杀虫剂：这一类农药有很多品种，均属于广谱型杀虫剂，对多种害虫，如卷叶虫、椿象、叶蝉、蚜虫、介壳虫等均有效，主要品种有高效氯氰菊酯、氰戊菊酯、溴氰菊酯、高效氯氟氰菊酯、顺式氰戊菊酯、除虫菊酯、甲氰菊酯，其中甲氰菊酯具有杀螨活性。

烟碱类杀虫剂：这是一类新合成的广谱杀虫剂，具有良好的内吸胃毒作用，持效期较长，特别是对刺吸式害虫高效，常用于防治蚜虫、椿象、介壳虫、叶蝉、蓟马、白粉虱等害虫。该类药剂主要品种有吡虫啉、啶虫脒。

昆虫生长调节剂：指一类以干扰昆虫生长发育和繁殖的药剂，选择性强和持效期长，对人类和天敌生物安全，属于无公害农药，主要品种有灭幼脲、氟虫脲、除虫脲、氟啶脲、虱螨脲、虫酰肼等。常用于防治鳞翅目害虫，如卷叶蛾、毛虫、食心虫等。

生物杀虫剂：包括活体生物和从生物体内提取的活性物质，目前常用的苏云金杆菌（Bt）、昆虫病原线虫、核多角体病毒、赤眼蜂、捕食螨、草蛉、瓢虫、印楝素等多用于防治鳞翅目害虫；昆虫病原线虫用于防治金龟子幼虫；阿维菌素、多杀霉素用于防治樱桃红蜘蛛、白蜘蛛、卷叶虫等。

专性杀螨剂：指专门防治害螨、对害虫无效或效果低的药剂，主要品种有四螨嗪、噻螨酮、达螨灵、三唑锡、喹螨醚、炔螨特等。其中，四螨嗪、噻螨酮对卵和幼若螨有效，对成螨无效，持效期较长，因此这两种药适于在害虫大发生之前使用。其他杀螨剂对螨卵、幼若螨和成螨均有杀伤效果，速效性较好，适于在害螨大发生期使用。达螨灵对白蜘蛛（二斑叶螨）的灭杀效果较差，用它防治白蜘蛛应与阿维菌素混合使用。

性诱剂：又叫性信息素，是由性成熟的雌虫分泌、以吸引雄虫前来交配的物质。不同昆虫分泌的性信息素不同，所以性诱剂具有专一性。目前，人工可以合成部分昆虫的性信息素，可加入载体中做成诱芯，用于诱集同种异性昆虫，作为害虫预测预报和防治的依据。中国科学院动物研究所已经研制出梨小食心虫诱芯、桃小食心虫诱芯、桃蛀螟诱芯、潜叶蛾诱芯、卷叶蛾诱芯等。

②**常用的杀菌剂**　杀菌剂根据作用效果可分为铲除剂、保护剂和治疗剂。铲除剂是指用于树体消毒的杀菌剂，常用于发芽前喷干枝。保护剂是指阻碍病菌侵染和发病的药剂，一般在病害发生之前作预防使用。治疗剂是指病菌侵染或发病后，能杀死病菌或抑制病菌生长，控制病害发生和发展的药剂。目前，生产上常用的杀菌剂品种有甲基硫菌灵、代森锰锌、百菌清、甲霜灵、多菌灵、腐霉利、三唑酮、硫酸链霉素、多抗霉素等。

2. 如何识别细菌性穿孔病？怎样防治？

（1）**发病症状**　叶片染病，起初在叶背近叶脉处产生淡褐色水渍状小斑点，随后叶面也出现，该斑点多在叶尖或叶边缘散生。病斑扩大后成为紫褐色至黑色圆形或不规则形病斑，边缘角质化，直径2毫米左右，病斑周围有水渍状黄绿色晕环。最后病斑干枯脱落，形成穿孔。有时数个病斑相连，形成一大斑，焦枯脱落后形成一大的穿孔，孔边缘不整齐。此病5月份发病，7～8月份发病严重。该病有时也危害枝梢。

（2）**发病规律**　病菌主要在落叶或枝梢上越冬，一般在5月份发病。翌年春树体开花前后，病菌从坏死的组织内溢出，借风、雨或昆虫传播，并经叶片气孔侵入。多雨、多雾、通风透光差、排水不良、树势弱、偏施氮肥、肥力不足等甜樱桃园发病较重。

（3）**防治方法**　①加强果园管理，合理修剪，增强树势，改善树体的通风透光条件，增施有机肥，及时排水。②冬季清除落叶，剪除病梢集中烧毁。③发芽前喷布5波美度石硫合剂或45%晶体石硫合剂30倍液。发芽后喷72%硫酸链霉素可溶性粉剂3 000倍液，或65%代森锌可湿性粉剂500倍液；也可用机油乳剂：代森锰锌：水＝10：1：500喷布，此药剂除防治此病外，还可防治介壳虫、叶螨等病虫害。温室栽培时，可用72%硫酸链霉素可溶性粉剂进行喷粉。

3. 如何识别穿孔性褐斑病？怎样防治？

（1）**发病症状**　此病主要危害叶片。发病初期，叶片表面出现针尖大小的紫色斑点，以后扩大成为圆形褐色病斑，边缘清晰，略带环纹。在潮湿条件下，病斑上产生黑色小点，病斑干缩后形成点状穿孔。后期在病斑上生出灰褐色霉状物，最后在叶柄着生处产生离层，导致叶片提前大量脱落，从而降低产量。

（2）**发病规律**　该病菌以菌丝体在病叶上越冬。翌年气温回升、遇有降雨时，以分生孢子形态借风雨传播。樱桃展叶后，病菌开始侵染叶片，5～6月份开始发病，8～9月份为发病高峰期，并引起早期落叶，影响翌年樱桃产量。该病发病程度与树势强弱、降水量多少以及品种等有关。果园密闭湿度大时易发病；树势弱，降水量多且频繁，地势低洼、排水不良，树冠郁闭、通风透光差的果园，发病重。甜樱桃的不同品种对此病的抗性不同。

（3）**防治方法**　①加强栽培管理，增强树体的抗病能力。越冬休眠期间，结合冬剪剪除病枝，彻底清理果园，扫除残枝落叶并烧毁，消灭越冬菌源。②自7月上旬开始，施用70%代森锰锌可湿性粉剂600～800倍液，或75%百菌清可湿性粉剂500～800倍液，间隔20天左右，连续喷施3～4次，可有效控制甜樱桃褐斑病的发生。

4. 如何识别流胶病？怎样防治？

（1）**发病症状**　该病主要危害甜樱桃主干和主枝。一般从春季树液流动时开始发生，初期枝干的枝杈处或伤口肿胀，流出黄白色半透明的黏质物，随后皮层及木质部变褐腐朽，并致树势衰弱，严重时枝干枯死。树势强的流胶病轻，树势弱的发病多，伤口多的树体易流胶。

（2）**发病原因**　流胶病是甜樱桃的一种生理性病害。多从6月份开始，采果后随着雨季的到来，发病严重。发病原因：一是由枝干病害、虫害、冻害、机械伤造成的伤口引起流胶；二是由于修剪过度、施肥不当、水分过多、土壤理化性状不良（土壤黏重、排水不良或施肥不当）等，导致树体生理代谢失调而引起流胶；还可由自然条件冻害、日灼使部分树皮死亡引起流胶。

（3）防治方法 ①增施有机肥，改良土壤结构，增强树体的抗病能力。浇水或施肥后要及时中耕、松土，健壮树势，防止旱、涝、冻害。②搞好病虫害防治，避免造成树体伤口过多。③冬剪最好在树液流动前进行，夏季尽量减少较大的剪锯口，修剪时不能大锯大砍，避免拉枝形成裂口。秋、冬季枝干涂白，以防冻害和日灼。④发现流胶病，要及时刮除，然后涂药保护。常用药剂为50%腈·锌·福美双可湿性粉剂1份、50%硫磺悬浮剂5份、生石灰10份、石硫合剂1份、食盐2份、植物油0.3份混在一起的溶液。

5. 如何识别根癌病？怎样防治？

（1）发病症状 根癌病是根部肿瘤病。肿瘤多发生在表土下根茎部，主根与侧根连接处，或接穗与砧木愈合处。病菌从伤口侵入，形成大小不一的肿瘤。发病初期，根表面光滑呈白色，后变成深褐色，表面粗糙不平。患病的苗木或树体早期地上部分不明显，随病情扩展，肿瘤变大、细根变少，树势衰弱、病株矮小，叶色黄化、提早落叶，严重时全株干枯死亡。

（2）发病规律 根癌菌是一种土壤农杆菌，细菌单独在土壤中能存活1年，在未分解的病残体中可存活2～3年。雨水、灌溉水、地下害虫、修剪工具、病组织及有病菌的土壤都可传播。低洼地、碱性地、黏土地发病较重。带菌苗木和接穗是远距离传播的主要途径。病菌通过伤口侵入，修剪、嫁接、扦插、虫害、冻害或人为造成的伤口，都能侵入病菌。根癌病发病条件与温度、湿度和降水等条件相关。其中，冻害与该病的发生密切相关，受冻害重的樱桃树病害也严重。降雨多、田间湿度大，病害扩展快，病情更严重。

（3）防治方法 ①禁止调入带病苗木，选用无病苗或抗病砧木。定植前，用 K_{84} 菌处理的根系防根癌病的效果好。感病植株要及时刮除肿瘤，刮下的肿瘤组织及时清理并烧毁。刮除肿瘤后用 K_{84} 涂抹病部和根系，并用其菌水灌根，效果较好。②加强果园管理，增强树势以提高抗病能力。增施有机肥料，使土壤 pH 值保持在 6～7 时，发病较轻。耕作时，不要创伤甜樱桃根茎部及根茎部附近的根。

6. 如何识别煤污病？怎样防治？

（1）发病症状　保护地栽培温室中易感煤污病，该病主要危害叶片，也危害枝条和果实。叶面染病时，病初呈污褐色圆形或不规则形的霉点，后形成煤灰状物，严重时可布满叶、枝及果面，严重影响叶片光合作用，造成提早落叶。

（2）发病规律　以菌丝和分生孢子在病叶上或在土壤内植物残体上越过休眠期，随后其分生孢子借风雨、水滴、蚜虫、介壳虫等传播蔓延。湿度大、树冠郁闭、通风透光条件差的果园易发病。

（3）防治方法　①改善通风透光条件，防止棚内空气湿度过大。②及时防治各种害虫，如喷布 40% 克菌丹可湿性粉剂 400 倍液，或40% 多菌灵可湿性粉剂 600 倍液，或 50% 多菌灵可湿性粉剂 1 500倍液。

7. 如何识别褐腐病？怎样防治？

（1）发病症状　该病主要危害花、叶、幼枝和幼嫩的果实，易引起花腐和果腐，以果实受害最重。花受害易变褐枯萎，天气潮湿时，花受害部位表面丛生灰霉；天气干燥时，则花变褐干枯。果梗、新梢被害后形成长圆形、凹陷、灰褐色溃疡斑，病斑边缘紫褐色，常发生流胶。当病斑环绕一周时，上部枝条枯死。果实受害分两种情况：一是从落花后 10 天幼果开始发病，果面上形成浅褐色小斑点，并逐渐扩展为黑褐色病斑，幼果不软腐；二是成熟果发病，初期在果面产生浅褐色小斑点，迅速扩大，引起全果软腐，表面产生灰褐色绒球状霉层，呈同心轮纹状排列。病果有的脱落，有的失水变成僵果挂在树上。

（2）**发病规律**　病菌主要以菌核在病果和病梢上越冬。翌年4月份，从菌核上生出子囊盘，形成子囊孢子，进行广泛传播。落花后遇雨或湿度大时易发病。

（3）**防治方法**　①清洁果园，将落叶、落果清扫并烧毁；合理修剪，使树冠具有良好的通风透光条件。②发芽前喷1次3～5波美度石硫合剂。生长季每隔10～15天喷1次药，共喷4～6次，药剂可用1∶2∶240的波尔多液，或77%氢氧化铜可湿性粉剂500倍液，或50%克菌丹可湿性粉剂500倍液。

8. 如何识别灰霉病？怎样防治？

（1）**发病症状**　灰霉病是保护地甜樱桃生产中发生较重的病害，该病主要危害果柄、果实、叶片。幼果受害初期呈暗褐色水渍状，病组织软腐，表面生白毛，之后变为灰色霉层，即分生孢子。果柄病菌侵染后也形成灰霉，且果实在病斑处易折断，导致幼果脱落。果实在近成熟期发病时，果面先出现淡褐色凹陷病斑，病斑很快蔓延全果，导致果实腐烂。对于出现裂口的果实，病菌从伤口直接侵入，导致裂口霉变使果实失去商品性。叶片感病后产生不规则的褐色病斑，有的病斑上有不规则状轮纹。

（2）**发病规律**　灰霉病是一种真菌性病害。以菌丝体、菌核及分生孢子梗随病残体组织在土壤中越冬。甜樱桃展叶后病菌随水滴、雾滴和各种农事操作工具传播，并通过树体伤口及幼嫩组织皮孔侵入。棚内一般有2次发病高峰，分别为落花后、果实着色至成熟期。适宜的发病条件为温度20℃～22℃，空气相对湿度在85%以上。因此，湿度大、光照弱、通风差易引起严重病害。

（3）**防治方法**　①加强管理，发病初期摘除病叶、病果，撤棚后彻底清除病残体，集中烧毁或深埋。合理灌水与通风，严格控制棚内温、湿度。可选用无滴膜，把空气相对湿度控制在80%以下，避免叶面结露，可有效抑制灰霉病的发生和流行。②土壤消毒，扣棚前结合整地向土壤喷洒50%异菌脲可湿性粉剂1000倍液消毒；花前1周喷45%噻菌灵悬浮剂3000倍液；落花后及时喷洒40%嘧霉胺悬浮剂1000倍液，或50%腐霉利可湿性粉剂1200倍液，隔7～10天再喷1次，可基本控制该病。

9. 如何识别立枯病？怎样防治？

（1）**发病症状**　又称为猝倒病，属苗期病害。主要危害樱桃砧木苗。幼苗染病后，初期在茎基部产生椭圆形暗褐色病斑，病苗白天萎蔫、夜间恢复。后期病部凹陷腐烂，绕茎一周时，幼苗即倒伏死亡。

（2）**发病规律**　病菌在土壤或病组织中越冬。从种子发芽至出现4片真叶期间均可感病，但以子叶期感病较重。幼苗出土后若遇阴雨天气，病菌迅速蔓延。蔬菜地和重茬地易发病。

（3）**防治方法**　①育苗时应选用无病菌的新地块或回填沙壤土的地块做苗圃地，避免重茬。②播种时用50%多菌灵可湿性粉剂，或70%甲基硫菌灵可湿性粉剂等做药土防治。每平方米用药8～9克，掺土1千克。③幼苗发病前期喷药防治，可选用70%噁霉灵可湿性粉剂1000倍液，或70%甲基硫菌灵可湿性粉剂800倍液。

10. 如何识别叶斑病？怎样防治？

（1）**发病症状**　樱桃叶斑病是甜樱桃生长期主要病害之一。该病主要危害叶片，表现为叶斑和穿孔，也危害叶柄和果实。叶片发病初期，在叶片正面叶脉间产生紫色或褐色的坏死斑点，同时在斑点的背面形成粉红色霉状物，后期随着斑点的扩大，数斑联合使叶片大部分枯死。有时叶片也形成穿孔，造成叶片早期脱落。

（2）**发病规律**　叶片一般5月份开始发病，7～8月份高温、多雨季节发病严重。

（3）**防治方法**　①加强栽培，增强树势，提高树体抗病能力。

清除病枝、病叶，集中烧毁或深埋，以减少越冬菌源。②发芽前喷3～5波美度石硫合剂。谢花后至采果前，喷70%代森锰锌可湿性粉剂600倍液，或75%百菌清可湿性粉剂500～600倍液等，每隔10～14天喷1次，连喷1～2次。

11. 如何识别干腐病？怎样防治？

（1）**发病症状** 干腐病多发生在枝龄较大的主干、主枝上。发病初期，病斑暗褐色，病部呈不规则形微肿，病皮坚硬，常溢出茶褐色黏液，俗称"冒油"。之后病部干缩凹陷，呈黑褐色，周缘开裂，表面密生小黑点（分生孢子器或子囊壳）。此病可烂到木质部，枝干干缩枯死，严重时全株死亡。

（2）**发病规律** 病菌主要以菌丝体、分生孢子器和子囊壳在病树皮内越冬，翌年春温度升高后，病菌借风雨传播，从树体伤口、枯芽、皮孔侵入。该菌寄生力弱，具潜伏侵染特点，树势弱时发病重，树势恢复后，该病则停止扩展。

（3）**防治方法** ①加强管理，多施有机肥料，增强树势，提高树体的抗病能力。减少和避免机械损伤、冻伤和虫伤，杜绝病原菌侵入。②发芽前喷机油乳剂或石硫合剂30倍液，可铲除各种越冬病菌。在5～6月份，每月喷1次1∶2∶240波尔多液进行树体保护。③药剂防治。甜樱桃发芽前，喷布5波美度石硫合剂。发现病斑时，用10波美度石硫合剂。

12. 如何防治二斑叶螨？

（1）**危害症状** 二斑叶螨又名二点叶螨、白蜘蛛等。主要危害樱桃、桃、李、杏、苹果等果树。以成螨和若螨刺吸嫩芽、叶片汁液，喜群集叶背主叶脉附近，并吐丝结网于网下危害。被害叶片出现失绿斑点，严重时叶片灰黄脱落。

（2）**发生规律** 1年发生8～10代，世代重叠现象明显。以雌成螨在土缝、枯枝、翘皮、落叶或杂草宿根、叶腋间越冬。二斑叶螨在当日平均温度达 10℃时开始出蛰，温度达 20℃以上时，繁殖速度加快，达 27℃以上时，在干旱少雨条件下危害猖獗。温室内二斑叶螨的危害期是在采收前后。从卵到成螨的发育，历期仅为 7.5 天。成螨产卵于叶背。幼螨、若螨孵化后即可刺吸叶片汁液。虫口密度大时，成螨有吐丝结网的习性，在丝网上爬行。

（3）防治方法　①清除枯枝落叶和杂草，并集中烧毁。结合秋、春树盘松土和灌溉消灭越冬雌虫，压低越冬虫口基数。②花前是药剂防治的关键时期，可选用 1.8% 阿维菌素乳油 4 000 倍液，或 5% 唑螨酯乳油 2 500 倍液。将药剂均匀喷在叶背、叶面及枝干上。

13. 如何防治山楂叶螨?

（1）危害症状　山楂叶螨又称山楂红蜘蛛。雌成螨深红色，体长约 0.5 毫米。以成螨、幼螨、若螨刺吸芽、叶的汁液。被害叶初期出现灰白色失绿斑点，并逐渐变成褐色，严重时叶片焦枯，提早落叶。越冬基数过大时，刚萌动的嫩芽被害后，流出红棕色的汁液，则该芽生长不良，甚至会枯死。

（2）发生规律　1 年发生 5～10 代。以受精的雌成螨在枝干老翘皮下及根茎下土缝中越冬。花芽膨大期开始出蛰，至花序伸出期为出蛰盛期，落花后 1 周左右为第一代孵化盛期。第二代以后发生世代交替现象。山楂叶螨以小群栖息在叶背危害，成螨有吐丝结网习性。9 月中下旬雌成螨潜伏越冬。

（3）防治方法　①樱桃发芽前，刮掉树上翘皮并烧毁。②花序伸出前喷药防治，可喷布 50% 硫磺悬浮剂 200～300 倍液。落花后，可选用 73% 炔螨特乳油 3 600 倍液，或 50% 硫磺悬浮剂 400～500 倍液进行防治。

14. 如何防治大青叶蝉?

（1）危害症状　以成虫和若虫刺吸枝、叶汁液危害。成虫将卵产在枝条皮层内，刺破皮层并造成弯月形伤口，使枝条受伤，突起形成伤疤，枝条失水；受害轻者生长衰弱，重者枝条干枯死亡。

（2）**发生规律**　1年发生3代。以卵在枝干的皮层下越冬，翌年果树发芽展叶后，越冬卵孵化为若虫。若虫和成虫以杂草为食，樱桃树发芽后转移到树上危害。第一代成虫发生在5月份，第二代为7月份，第三代为9～10月份。露地樱桃发生较重。

（3）**防治方法**　①清除果园内杂草、枯枝，减少大青叶蝉危害和繁殖场所。树干涂白，防治产卵。②9～10月份进行药剂防治，可选用10%吡虫啉可湿性粉剂2 000倍液，或20%氰戊菊酯乳油2 000倍液防治。

15. 如何防治苹果小卷叶蛾？

（1）**危害症状**　属鳞翅目，卷蛾科。主要以幼虫危害叶片、果实，通过吐丝结网将叶片连在一起，造成卷叶，降低叶片光合作用。第一、第二代幼虫除卷叶危害外，还常在叶与果、果与果相贴处啃食果皮，被害处呈小坑洼状。

（2）**发生规律**　由北向南1年发生2～4代。以二龄幼虫在果树裂缝或翘皮下、剪锯口等缝隙内、树枝上的枯叶下结白茧越冬。越冬幼虫于桃树发芽时出蛰，先在果树新梢、顶芽和嫩叶进行危害；幼虫稍大时将数个叶片用丝网缠缀在一起，形成虫苞。当虫苞叶片被取食完毕或叶片老化后，幼虫移出虫苞，重新结苞危害。幼虫较活泼，在其卷叶受惊动时，会爬出卷苞，吐丝下垂。老熟幼虫在卷叶苞或果叶贴合处化蛹。成虫羽化后白天很少活动，在树上遮阴处静伏，夜间取食交配产卵；喜欢产卵于较光滑的果面或叶片正面。成虫具有较强的趋化性和趋光性，对糖醋液和黑光灯趋性较强。

（3）**防治方法**　①春季发芽前，清除枝条上的残叶带出园外烧毁。生长期及时摘除虫苞，将幼虫和蛹捏死。②成虫发生期，利用苹小性诱剂或糖醋液诱杀成虫，每667米^{2}放置3～5个糖醋液罐。③在越冬幼虫出蛰前后及第一代初孵幼虫阶段，喷洒生物农药Bt乳剂1 000倍液；在各代卵孵化盛期至卷叶前，选用2.5%高效氯氟氰菊酯乳油 3 000 倍液＋1.8% 阿维菌素乳油 5 000 倍液，进行叶面喷雾。

16. 如何防治黑星麦蛾？

（1）危害症状　幼虫多在幼龄期潜伏在尚未展开的嫩叶上危害，稍大便取食成熟叶片；常数头幼虫一起将枝梢上几片叶卷曲成团，并在团内咬食叶肉，残留表皮，导致数日后叶片干枯，枝条生长衰弱。

（2）发生规律　1 年发生 3 代，以蛹在杂草、地被物等处结茧越冬，翌年 4～5 月份羽化。成虫昼伏夜出，产卵于叶柄基部。4 月中旬开始出现第一代幼虫，低龄幼虫在枝梢嫩叶上取食，叶片伸展后幼虫则吐丝做巢，群集危害。幼虫受惊动后即吐丝下垂。5 月末幼虫陆续老熟，并在被害叶团内结茧化蛹，蛹期 10 天左右；6 月上旬开始羽化，6 月中旬为羽化盛期；以后世代重叠不易划分。第二代成虫羽化盛期约在 7 月下旬。至秋末，老熟幼虫下树寻找杂草等处结茧化蛹，进入冬眠状态。

（3）防治方法　①清除落叶、杂草等地被物，消灭越冬蛹。②生长季节摘除被害梢卷叶，或捏死其中的幼虫。③幼虫危害初期喷洒 90% 敌百虫晶体 1 000 倍液。

17. 如何防治舟形毛虫？

（1）危害症状　以幼龄幼虫群集叶面啃食叶肉，残留叶脉和下表皮，被害叶呈网状；幼虫稍大则将叶片啃食成缺刻状，以致全叶被食仅留叶柄。该害虫常造成全树叶片被食光，不但产量受损，而且易导致樱桃树秋季开花，严重影响树势及翌年产量。舟形毛虫低龄幼虫紫红色，静止时头尾两端翘起呈舟形，故称为舟形毛虫。

（2）发生规律　1 年发生 1 代，以蛹在果树根部土层内越冬；翌年 7 月上旬至 8 月中旬羽化成虫，其趋光性较强，昼伏夜出；卵多产在叶背面。三龄前的幼虫群集在叶背，早、晚及夜间危害。静止的幼虫沿叶缘整齐排列，头、尾上翘，若遇惊扰时，则成群吐丝下垂。三龄后逐渐分散取食。9月份幼虫老熟后入土化蛹越冬。

（3）**防治方法** ①结合秋翻地或春刨树盘，使越冬蛹暴露地面失水而死。②一至三龄幼虫的危害期，利用群集取食和受惊下垂习性，人工摘除有虫群集的枝叶。③在幼虫发生期，可喷20%氰戊菊酯乳油2 000倍液，或25%灭幼脲3号悬浮剂1 000～2 000倍液等进行防治。

18. 如何防治舞毒蛾？

（1）**危害症状** 又名秋千毛虫，俗称毒毛虫。幼虫取食叶片，低龄幼虫咬食叶片使之呈孔状，大龄幼虫咬食叶片使之形成缺刻，虫害严重时可将叶片吃光。幼虫也可啃食果皮，使之形成坑洼状伤疤。

（2）**发生规律** 1年发生1代，以幼虫在卵壳内越冬。越冬卵块多分布在树干上、大枝阴面等处，5月上旬至6月末孵化。初孵幼虫可吐丝下垂随风飘至远方，故又称为"秋千毛虫"。幼虫二龄时开始分散危害，其白天潜伏在树皮缝、树下石缝中，夜间成群爬上树危害，天亮时再爬回树下。老熟幼虫在树干缝隙处、枯叶中或树下石缝化蛹，7月中下旬至8月下旬羽化。雌蛾静候交尾，雄蛾常在白天翩翩起舞，故称舞毒蛾。

（3）**防治方法** ①人工防治。通过人工灭杀卵块可以消灭大部分虫体。②树干涂药。可用较浓的杀虫剂在主干上涂画成封闭药环，使幼虫爬上爬下时中毒死亡。③树上喷药。在低龄幼虫期，可喷施25%灭幼脲3号悬浮剂1 500倍液，或2.5%高效氯氰菊酯乳油1 500倍液。

19. 如何防治天幕毛虫？

（1）**危害症状** 以幼虫群集在枝杈处吐丝结网危害叶片，形状似天幕。芽、叶被害后残缺不全，叶片成片被害，严重时主、侧枝等大枝上的叶片被吃光。

（2）发生规律　1年发生1代。樱桃展叶后，以幼虫在卵壳内越冬。越冬后幼虫从卵壳中钻出，取食嫩叶、嫩芽。幼虫白天潜居网幕内，夜间出来取食，一处叶片被食尽后，再转移至另一处危害。虫龄越大取食量越大，危害越严重。老熟幼虫在叶背面或杂草中结茧化蛹，蛹期12天左右，羽化后在当年生枝条上产卵。

（3）防治方法　①结合冬剪，剪除卵环带出园外烧毁。②在幼虫危害期及时发现幼虫群，人工捕捉或喷药防治。药剂可喷布20%氰戊菊酯乳油2 000倍液，或2.5%溴氰菊酯乳油2 500倍液。

20. 如何防治红颈天牛？

（1）危害症状　红颈天牛是核果类果树的主要蛀干害虫。初孵幼虫先在枝干的皮下蛀食，虫孔排列整齐。翌年大龄幼虫深入到木质部向上或向下蛀食，其在树体内蛀成孔道，并从蛀孔向外排泄锯末状的红褐色虫粪，造成树干中空。该害虫可使树势衰弱，并引发流胶病，严重时导致整株死亡。

（2）发生规律　2～3年发生1代，以大小不同龄期的幼虫在树干虫道内越冬。幼虫到三龄以后向木质部深层蛀食，并在其中度过翌年冬季。老熟幼虫在木质部内以分泌物黏结粪便和木屑作茧化蛹。成虫白天活动，尤其是中午前后更为活跃，可远距离飞行寻找配偶和产卵场所。一般多产卵于近地面30厘米处的树皮裂缝等粗糙部位，所以刚孵化的幼虫仅在皮层下蛀食危害，此时也是挖除幼虫的有利时机。

（3）防治方法　①人工防治。幼虫在皮下危害期间，一旦发现虫粪，即人工挖除；此外，还可人工捕杀成虫。②幼虫危害时，可用兽用针管向树体注射80%敌敌畏乳油800倍液，或50%辛硫磷乳油500倍液，注入虫道后，用泥巴封堵药杀。③成虫羽化前，用10份生石灰、1份硫磺以及40份水调制成涂白剂，涂刷在枝干上，可防止成虫产卵。

21. 如何防治桑天牛？

（1）**危害症状**　桑天牛的初龄幼虫于皮下蛀食韧皮部，随后蛀食枝干和木质部，造成树体流胶。幼虫蛀入木质部后便向上蛀食，每隔一定距离向外蛀排粪孔。成虫取食嫩枝皮和叶。

（2）**发生规律**　2～3年完成1代，以幼虫在虫道内越冬；成虫羽化后多在树间活动、交尾，而后在粗皮缝内产卵。孵化后的幼虫蛀入皮层取食危害，随虫体增长逐渐深入，大龄幼虫可深达木质部。成虫多在白天活动，中午最为活跃。

（3）**防治方法**　①人工防治。成虫发生前在枝干上涂白，用于防治成虫产卵。同时，在成虫发生期内，利用桑天牛成虫不易飞动的特性，特别是在雨后，振动枝干，即可惊落地面，极易进行人工捕杀。7～8月份及时检查枝干，如发现有产卵槽，可用小刀向产卵槽中间刺入，以杀死桑天牛的卵和初孵化的幼虫；发现有新鲜虫粪可用尖刀挖除虫道内的幼虫。②药剂防治。用80%敌敌畏乳油200倍液，或20%氰戊菊酯乳油200倍液注入虫道，每虫道10毫升，杀虫效果均良好。

22. 如何防治梨小食心虫？

（1）**危害症状**　在甜樱桃上主要以幼虫从新梢顶端2～3片嫩叶的叶柄基部蛀入危害，并一路往下蛀食。被害后，新梢逐渐萎蔫直至梢端干枯，形成折心状。当幼虫蛀食到枝条木质化部分，又从梢中爬出，转移到其他新梢危害；蛀孔外有虫粪排出，并常流胶，随后新梢干枯下垂。

（2）**发生规律**　1年发生3～4代，以老熟幼虫在树冠下的表土或树皮翘缝、树枝主干的分叉处以及剪锯口的翘缝中结茧越冬。越冬幼虫于4月上旬化蛹，越冬代成虫一般出现在4月中旬至6月中旬。害虫发生期很不整齐，田间世代交替现象严重。成虫白天静伏，傍晚或夜间产卵在樱桃嫩梢上。由于梨小食心虫有转移寄主的习性，因此在甜樱桃、桃、梨、苹果混栽的果园危害较为严重。

（3）防治方法

①**人工防治**　早春发芽前刮除粗翘皮，集中烧毁；8月份在主干上绑草束，诱集越冬幼虫，于冬季取下烧毁。春、夏季及时剪除被蛀虫梢烧毁。

②**物理防治**　在成虫发生期夜间用黑光灯诱杀，或在树冠内挂糖醋液盆、性诱剂诱杀。

③**药物防治**　越冬茧出土期进行地面防治，用白僵菌粗菌剂70～80倍液喷洒地面后覆草，防治食心虫出土幼虫；或用4%马拉·敌百虫合剂，每株大树用药0.25千克，喷施于树冠下，然后浅锄入土，杀死出土幼虫，此药一般隔15天再施1次。幼虫危害期用25%灭幼脲3号悬浮剂800倍液，或5%氟啶脲乳油1000～2000倍液，或5%氟虫脲乳油1000～1500倍液，或2.5%高效氯氟氰菊酯乳油2500倍液等其他菊酯类农药与有机磷制剂的复配剂等喷洒防治。

23. 如何防治桑白蚧？

（1）**危害症状**　又称桑盾蚧、桑介壳虫、树虱子。多以若虫和雌成虫群集枝条上刺吸枝干、叶、果实的汁液，造成树势衰弱，降低果实产量和品质。2～3年生枝受害最重，被害处稍凹陷；严重时整个枝条被虫覆盖起来，远望枝条呈灰白色，甚至造成树体死亡。

（2）**发生规律**　桑白蚧1年发生2～3代。越冬受精雌成虫在2月中下旬开始活动，以吸食汁液进行危害，3月下旬开始产卵。第一代若虫4月上旬开始孵化，4月中旬进入孵化盛期并爬出介壳活动，5月上旬开始固定危害，5月末至6月初为害虫羽化盛期，6月中旬开始产卵，6月下旬为产卵盛期。6月下旬第二代若虫开始孵化，7月上旬进入孵化盛期。若虫孵化后，分散到枝条背面、枝杈、芽腋及叶柄处固定取食。7月下旬幼虫开始羽化。

（3）防治方法

①人工防治　冬季休眠期，人工刮刷树皮，用硬毛刷刷掉枝条上的越冬雌虫，将受害严重的枝条剪除、烧毁，消灭越冬雌成虫。

②休眠期药剂防治　萌芽期喷布1次5%柴油乳剂，或5波美度石硫合剂。

③生长期药剂防治　应抓好两个关键时期：樱桃开花前和4月上中旬第一代若虫扩散期。在各代若虫孵化盛期喷布1次48%毒死蜱乳油1 500倍液，或30%蜡蚧灵1 000倍液，可控制桑白蚧的危害。此期若虫虫体表面还没有分泌蜡粉形成蜡壳，若虫抗药性低，农药易于接触虫体，所以此期间用药能显著提高防治效果，是防治桑白蚧的最佳时期。

④生物防治　小黑瓢虫是桑白蚧的重要天敌，应保护利用。

24. 如何防治绿盲蝽？

（1）**危害症状**　成虫和若虫吸食樱桃树的嫩茎、幼芽、幼叶、花和果的汁液，造成被害叶穿孔，呈针刺状，形成网状、丛生、疯头。幼果被刺处的果肉木栓化，发育停止，且果实畸形，被害处形成锈斑或硬疗。

（2）**发生规律**　1年发生3～5代，以卵在断枝、杂草内，以及樱桃枝条的叶芽和花芽的鳞片内越冬。翌年发芽期冬卵孵化，幼、若虫危害新芽、新梢和花果。绿盲蝽成虫、若虫活动敏捷，受惊后躲避迅速，不易发现，并有趋嫩习性。4～5月份，若虫羽化为成虫继续危害，此后迁往附近的棉花、马铃薯、花生、蔬菜及杂草上危害。10月中旬前后，在果园中或园边的杂草上发生的最后1代绿盲蝽成虫，迁回到果树上产卵越冬。

（3）**防治方法**

①人工防治　消除果园内外杂草，消灭越冬卵，切断其食物链。

②药剂防治　若虫期，喷20%甲氰菊酯乳油2 000倍液；成虫产卵期喷布1次10%氯氰菊酯乳油2 000倍液，药杀成虫和卵。

25. 如何防治黄刺蛾?

（1）危害症状　黄刺蛾，俗称洋辣子，以幼虫伏在叶背面啃食叶肉，使叶片残缺不全；严重时，只剩中间叶脉，形成网状透明斑。幼虫于7月中旬至8月下旬取食危害。幼虫体上的刺毛丛含有毒腺，与人体皮肤接触后，倍感痒疼而红肿。

（2）发生规律　1年发生1～2代，以老熟幼虫在枝条上结茧越冬。翌年甜樱桃展叶后，幼虫开始化蛹，羽化出的成虫产卵于叶片背面，卵排列成块状。成虫夜间活动，有趋光性。

（3）防治方法

①人工防治　结合冬季修剪将越冬茧剪掉烧毁。利用成虫的趋光性，在6月份用黑光灯诱杀成虫。利用低龄幼虫群集危害的习性，在7月上中旬及时检查，一旦发现幼虫，立即人工捕杀。

②生物防治　在成虫产卵盛期，可采用赤眼蜂寄生卵粒，每667米^{2}放蜂20万头，每隔5天放1次，3次放完，卵粒寄生率可达90%以上；或在幼虫发生期喷青虫菌1000倍液。

③药剂防治　幼虫发生期喷药防治。可用100亿个活芽孢/克苏云金杆菌可湿性粉剂500倍液喷雾，或用0.5%绿保威乳油1000～2000倍，或0.2%苦皮藤素乳油2000倍液，或25%灭幼脲3号悬浮剂2000倍液，或5%氟啶脲乳油1000～2000倍液喷雾。

26. 如何防治金龟子类害虫?

危害甜樱桃的金龟子主要有苹毛金龟子、黑绒金龟子、东方金龟子、铜绿金龟子。

（1）危害症状　苹毛金龟子与东方金龟子，主要以成虫在花期啃食甜樱桃树的嫩枝、芽、幼叶、花蕾和花。苹毛金龟子幼虫取食树体的幼根。成虫危害期1周左右，花蕾至盛花期受害最重。严重时，影响树体正常生长和开花结果。铜绿金龟子在7～8月份危害叶片。

（2）发生规律　均为1年发生1代。苹毛金龟子和黑绒金龟子以成虫在土内越冬，其他两种金龟子均以幼虫在土内越冬。

（3）防治方法

①人工防治 一是利用成虫的假死性，早、晚在树下铺塑料膜后振落成虫捕杀。刚定植的幼树于虫害发生期用纱网套袋效果最好。二是利用黑光灯诱杀成虫。

②药剂防治 一是地面撒药：每 667 米^2 撒施 10% 辛硫磷颗粒剂 3 千克，或 50% 辛硫磷乳油 500 倍液均匀喷洒地面（也可用 30 千克细土拌匀撒在树冠下），施药后，及时浅耙，以防光解，杀死潜土成虫。二是树上喷药：于成虫危害期喷洒 20% 甲氰菊酯乳油 1 000～1 500 倍液，或 0.5% 绿保威乳油 1 000～2 000 倍液，或 0.2% 苦皮藤素乳油 2 000 倍液，或 50% 灭蚜松可湿性粉剂 1 000～1 500 倍液。

27. 如何防治蛴螬类害虫？

（1）危害症状 主要啃食幼苗、幼树的地下部分，尤其是根茎。该类害虫啃食幼树根茎表皮可达木质部，致使幼树逐渐萎蔫死亡。幼苗受害主要是从根茎被咬断而枯死。

（2）发生规律 当翌年春季 10 厘米地温达 10℃左右时，越冬蛴螬开始上升至土壤表层；当秋季地温下降至 10℃以下时，它又移向深处的不冻土层内越冬。

（3）防治方法 ①结合松土，捡出蛴螬集中消灭；发现幼苗萎蔫时，将根茎周围的土扒开，进行人工捕捉蛴螬。②虫口密度大的苗圃地，在播种时每 667 米^2 用 5% 辛硫磷颗粒剂 2 千克进行沟施，但勿与种子接触。③苗木栽植后发现蛴螬危害，可用 75% 辛硫磷乳油 1 000 倍液灌注根际，每株用药液以 200 毫升为宜。④人工捕捉。发现幼苗萎蔫时，将根茎周围的土扒开捕捉蛴螬。

28. 如何防治梨网蝽？

（1）危害症状 以成虫、若虫在叶背面刺吸叶片汁液危害，被害叶背有许多黑褐色斑点状的黏稠粪便，叶片正面出现苍白色斑点，沿叶主脉变成褐色，并引起霉污。此害虫易造成叶片干枯脱落，下部叶片比上部叶片受害严重。

（2）发生规律　1年发生4～5代，以成虫在落叶、老翘皮下、枯草、土缝内越冬。樱桃展叶后，越冬成虫即出蛰，先在下部叶片危害，并逐渐扩散到全株。越冬成虫产卵于叶背主脉两侧的叶肉内，若虫孵出后群集在叶背主脉两侧危害。二龄后渐次扩散到整个叶片背面。

（3）防治方法

①**人工防治**　秋、冬季节可结合冬剪，彻底清除果园内的落叶、杂草，刮除主干上的老翘皮，进行烧毁，清除越冬虫源。

②**药物防治**　发芽前喷布5波美度石硫合剂。成虫和若虫发生期，可用0.2%苦皮藤素乳油2 000倍液，或5%氟啶脲乳油1 000～2 000倍液，或5%氟虫脲乳油1 000～1 500倍液，或20%氰戊菊酯乳油3 000倍液着重喷布叶片背面防治。

29. 如何防治金缘吉丁虫？

（1）**危害症状**　初孵幼虫多在主枝和主干的老皮层中危害；随虫体长大，其深入形成层与木质部之间串食，虫道呈螺旋形，不规则；被害处流胶，虫道内堆满虫粪，虫道绕枝一周后，树枝上部即枯死，严重时整株死亡。

（2）**发生规律**　1～2年完成1代，以不同龄期的幼虫在虫道内越冬。果树萌芽时开始继续危害，3～4月份化蛹，5～6月份发生成虫。成虫白天活动，有假死性，喜在弱树弱枝上产卵，散产于枝干树皮缝内和树体伤口附近。6月上旬为孵化盛期，幼虫孵化后先蛀食嫩皮层，随后逐渐深入，最后在皮层和木质部间蛀食危害。一般树体伤疤多、树势衰弱、土壤瘠薄的果园发生严重。

（3）**防治方法**　①幼虫危害期，人工挖除枝干中的幼虫；成虫发生期，每隔2～3天，人工振落树上成虫并进行捕杀。②保护枝干，防止造成机械伤口，以避免和减少成虫产卵。对失去结果能力的衰老树要刨除。③在成虫产卵期，用4.5%高效氯氰菊酯乳油，或20%氰戊菊酯乳油2000倍液，或40%辛硫磷乳油1000倍液喷洒枝干。在树干上包扎塑料薄膜封闭，上下端扎口，内装1～3片磷化铝片，可以杀死皮内幼虫。

30. 如何防控病毒病？

甜樱桃病毒病是由植物病毒引起的一类病害，是影响甜樱桃产量、品质和寿命的一类重要病害。目前，已发现甜樱桃病毒病的种类多达60种，如樱桃衰退病、樱桃粗皮病、樱桃小果病、樱桃卷叶病、樱桃缩叶病、樱桃花叶病、樱桃坏死环斑病、樱桃锉叶病等。

不同病毒侵染症状表现各异，常表现为叶片窄小、叶缘不规则，叶面不整齐、背面有衍生物，叶片出现斑驳、失绿、卷叶、扭曲等症；开花迟缓，不坐果；果实表现为果小、果皮出现深色线纹斑块、花脸；树体流胶，树势衰弱，枝条枯死，造成减产。

樱桃病毒病主要通过苗木、接穗、昆虫、线虫、种子等传播。果树一旦感染病毒则不能治愈，因此只能用预防的方法：①隔离病原和中间寄主。发现病株要及时铲除，以免传染给无病株。②要防止和控制传毒媒介。避免用带病毒的接穗和砧木来嫁接繁殖苗木，防止嫁接传毒。防治传毒的昆虫和线虫等。③要栽植无病毒苗木，建立隔离区发展优质的无病毒苗木。④要加强检疫，严防购买和出售带有病毒的苗木和种子。

31. 如何防控缺素症？

（1）缺镁症

①**发病症状**　镁是叶绿素形成的重要元素，直接影响叶绿素的形成。缺镁首先发生在老叶上，呈现失绿症；严重时，新梢基部叶片的叶脉间失绿并出现早期落叶现象。果实中固形物含量、柠檬酸含量和维生素C含量大大降低，直接影响甜樱桃产量和品质。

②发病规律　镁在酸性条件下经雨水冲刷很容易流失，因此缺镁常常发生在中雨量或高雨量区的酸性沙质土上。镁与钾之间存在拮抗关系，多施钾肥时，会加重缺镁程度。氮肥与镁肥有很好的相辅作用，施镁的同时适量施氮肥，有助于镁的吸收。

③防治方法　在秋季将硫酸镁与有机肥一同施入土壤；叶面喷0.2%～0.4%硫酸镁溶液，或土壤直接追施少量的硫酸镁。

（2）缺 硼 症

①发病症状　缺硼主要表现在先端幼叶和果实上。春季缺硼时，枝梢顶部变短，出现顶枯；叶变窄小，锯齿不规则；虽然有花，但坐果率低；果肉木栓化、畸形；根系停止生长。

②发病规律　在施氮、钾、钙多的情况下，影响硼的吸收，导致缺硼；干旱少雨的情况下，降低土壤中硼的有效性，导致缺硼。

③防治方法　秋季土施硼砂与有机肥一同施入；于开花前1～2周开始至采收前，叶面喷施2～3次硼砂液，浓度为0.2%～0.3%。

十、采收、包装与贮运

1. 如何确定甜樱桃的采收适期?

甜樱桃的适宜采收期、采收成熟度、采收方法、分级、包装,在很大程度上影响其产量、品质和商品价值,影响采后处理的效果及其经济效益。采收的原则是适时、无损、保质、保量和减少损耗。适时就是在符合采后处理要求时采收。无损就是要避免机械伤害,保持完整性,以便充分发挥其特有的特性。

合理的采收时期可以达到丰产、稳产和提高果品质量的目的。采收过早,果实达不到应有的大小和品质;采收过晚,不利于贮藏和运输。易裂果的品种,若采收过晚,遇雨裂果,则会造成更大的经济损失。

成熟度是确定甜樱桃果实采收期的直接依据。生产中,甜樱桃的成熟度主要是根据果面色泽、果实风味和可溶性固形物含量来确定。黄色品种,当底色褪绿变黄、阳面开始有红晕时,即开始进入成熟期。红色品种或紫色品种,则是果面全面变红时,即表明进入成熟期。甜樱桃只有达到该品种成熟时固有的色泽和糖度才能采收,若是外销,须比当地销售提前5~6天采收,即果实达到八成熟时采收。

甜樱桃是多花品种,每花序坐果1~6个,坐果早晚不同,成熟期也不一致。甜樱桃的成熟期也因其在树冠中的部位和着生的果枝类型不同而不同。根据果实成熟情况,在采收时就应该分期、分批进行。就单一品种而言,整个采收期可历经15天左右。采收时间最好在凉爽天气或每天早晨采收，时间最好在晴天的上午9时以前或者下午气温较低、无露水的情况下采收。

2. 如何科学采收甜樱桃？

由于甜樱桃自身的某些特性限制，甜樱桃采收时不仅在时间上须谨慎选择，其采收的方法也相对比较严格。两者直接决定了甜樱桃在销售市场上的商品价值和经济效益。

甜樱桃的无伤采收是关键，采摘时必须手工采摘，带果柄。无伤采收顾名思义就是在采收时，尽可能地将甜樱桃果实的损伤减少到最低程度或者无伤。由于甜樱桃果个小、皮薄、硬度相对较小，在采摘过程中很容易造成伤果，所以采摘时应用手捏住果柄轻轻往上掰动。在采摘甜樱桃时，应配备底部有一小口的容器，容器不能太大，而且必须内装软衬，以减少果实机械碰伤。带软衬的容器可选用花格木条板箱或塑料周转箱，采摘时要轻拿轻放。从容器内往外倒出果实时，可以从底部留口处轻轻倒出。采收后进行初选，注意采摘后的甜樱桃果实不能在田间地头码堆过长时间或长时间在阳光下暴晒。采收后的果实，要先放在事先搭好的荫棚下，避免阳光直射，此外，还要预防大风侵袭。放置甜樱桃时，地面要垫好保护物，不要擦伤或污染果面，将病烂果、裂果、畸形（连体）果、刺伤果、僵果、虫蛀果、过熟果、霉烂果以及人为损伤的果实剔除，然后分级包装。

包装后的果实最好的放置方法是随采随放入冷库，这样有利于甜樱桃贮藏质量的提高和贮藏时间的延长。

用于贮藏采收的甜樱桃，采摘前7～10天不宜灌水。若采摘时遇雨，则采摘的果实不宜贮藏，应尽快销售。

3. 如何对甜樱桃进行分级？

果实分级是为了使其达到商品化的要求，增强果实的商品性，以适应不同的市场需求，创造更高的利润。果实在生长过程中，因营养条件、光照、生长部位等的不同而使果实大小、品质等方面都存在差异，而集中进行包装的果实必定也存在大小混杂、良莠不齐的现象，只有通过果实分级才能按级定价，供应不同层次的消费者，并可减少包装、贮藏等费用。

采下的果实，首先要进行挑选，剔除枯花瓣、枯叶、裂果、刺伤果、病虫果、畸形果以及无果柄的果，然后按一定要求进行分级。要求包装场所环境卫生，没有飞尘等污染物，包装器具和包装纸等材料准备齐全。目前，我国尚无统一分级标准，一般按四等分级法，把甜樱桃分为超特等、特等、一等和二等4个标准。在果个大小上4个等级要求分别为大于10克、8～9.9克、6～7.9克和4～5.9克。在着色方面，要求超特等、特等和一等果的深色品种具有该品种的典型色泽，且着色全面；二等果色泽可淡些，浅色品种各等级要求着色面分别为2/3以上、1/2以上、1/3以上和略有着色。果形的要求是具有本品种典型果形，或有很少量的畸形果；果面要鲜艳富有光泽，无擦伤、无果锈、无污斑和无日灼伤；带有完整的新鲜果柄；果无裂口、刺伤和挤压伤，无病虫害。

4. 甜樱桃怎样包装才能提高商品性？

在北方水果中，甜樱桃属于高档果品，精包装有利于销售，提高其商品性。同时，由于甜樱桃果实小而柔软，不耐挤压，因此不宜采用大包装，但可将几个小包装装入一个大包装袋里。甜樱桃一旦投入市场，就要尽快销售，其货架寿命短，所以小包装更有利于销售，其中1～2千克的包装最容易被消费者所接受。采用精美的小包装不但能使果品保鲜，减少贮运和销售中的损耗，而且大大提高了果品的商品性和商品价值。目前，甜樱桃的包装材料多采用纸壳箱、纸壳盒、瓦楞纸箱或泡沫箱等材料的箱子。根据不同消费者的需要可设计不同的果盒规格，如0.5千克、1千克、2千克等包装。包装盒外可印刷甜樱桃果实的彩色照片，以调动消费者的欲望，使消费者对产品外观特征一目了然。

对于远途运输的甜樱桃果实还要进行外包装，外包装的规格也不要过大，但要耐压、抗碰撞，可采用木箱、木板箱等材料坚固的包装箱。外包装最好印有特定的意义标志，易于搬运、手提，防挤、防压。

5. 甜樱桃贮藏保鲜的条件有哪些？

（1）适宜的贮藏温度　甜樱桃适宜的贮藏温度一般在 -1℃～0℃。适宜的低温贮藏，可以有效地抑制果实呼吸，以及病菌的生长，延缓衰老。因此，甜樱桃果实在贮藏保鲜时温度控制是一个重要环节。由于甜樱桃在采收后有田间热的存在，所以必须及时预冷，迅速散去田间热。预冷主要目的是将甜樱桃果实快速降温，抑制其呼吸，减少消耗，提高贮藏质量，延长贮藏时间。预冷的方法是将采收后的甜樱桃迅速放在库温 -1℃的预冷间内，按照品种等级和入贮时间的不同分别摆放，在摆放时箱与箱之间要留有一定的缝隙，以使甜樱桃果实预冷温度均匀一致。当甜樱桃果实的品温降至 0℃±0.5℃时即为已冷透，此时可将预冷后的甜樱桃果实放入库温为 -1℃～0℃的冷库中。

（2）适宜的空气相对湿度　甜樱桃果实贮藏的空气相对湿度为90%～95%。甜樱桃在贮藏期间防止失水萎蔫的一个重要措施就是保持甜樱桃果实自身的水分不丢失，如果库内的湿度过低，则极易使甜樱桃果柄枯萎变黑，表面皱皮、变褐并引起腐烂。贮藏方法：①保持甜樱桃果实本身水分不散失就是采用保鲜袋包装，使其袋内甜樱桃水分始终处于饱和状态，防止果实失水萎蔫。②可采用加湿器加湿的方法，这种方法可加大库内的水分含量，使甜樱桃果实的水分含量增加。但甜樱桃果实失水或者失水过多，这种方法就不能达到预期的效果。因为库内的水分再大，也不会渗透到甜樱桃的果肉组织内，无法使皱缩的果皮变得光滑。所以，加湿器不是一种很理想的方法。③利用保湿装置进行保温、保湿是最好的方法。保湿就是保持甜樱桃果实本身果肉组织的湿度，也就是水分，使外界环境的水分饱和度大于或等于甜樱桃本身的水分含量。如果外界环境的水分小于甜樱桃果实的水分含量，则外界环境会吸收甜樱桃的水分致使其失水萎蔫。保湿即"保水"，目前最简单有效而且经济的方法就是采用保鲜袋"保水"。

（3）适宜的气体成分　采用气调库贮藏保鲜甜樱桃时，库内的气体含量则非常重要，一般库内气体指标为：温度为0℃，二氧化碳20%～25%，氧气3%～5%，空气相对湿度90%～95%。适宜的高二氧化碳和低氧气的环境可以有效地抑制甜樱桃的呼吸作用，使其生命活动受到一定的抑制，处于休眠状态，以保持甜樱桃果实本身的鲜活品质和营养。虽然气调贮藏的甜樱桃可耐较高浓度的二氧化碳，但二氧化碳浓度也不能过高（超过30%），否则很可能引起甜樱桃果实褐变和异味。不同品种对气体成分的要求有所不同，在贮藏前应先做好试验，才能确定适宜的气体成分。10吨和20吨的柔性气调库（FACA）调气方便，出库容易，而且设有较多的观察取样口，可随时洞察库内的果实变化情况，最适合贮藏甜樱桃。目前，大规模气调库应用较少，大多采用自发气调贮藏方法。

6. 甜樱桃贮藏保鲜的方法有哪些？

甜樱桃果实的冰点为-2℃左右，但贮温也不能过低，过低不利于果实风味的保持。低温冷藏甜樱桃的适宜温度为-1℃～0℃，空气相对湿度在90%～95%，在此条件下，贮期可达30～40天。甜樱桃在入贮前先预冷，进行采后处理包装，最后入库贮藏。预冷降温速度越快贮藏效果越好，甜樱桃入贮前，库温降至0℃甚至还可以稍低一些，入贮后使果温迅速降至2℃以下，库内要保证恒定的低温、高湿条件。

（1）选择耐藏品种　一般早熟和中熟品种不耐贮藏，晚熟品种耐贮性较强；抗病性强的品种耐贮性强，抗病性弱的品种不耐贮藏；耐低温的品种贮藏性强。甜樱桃多在5月上中旬成熟，果肉软、汁多，极不耐贮运。早熟品种5月下旬至6月上旬成熟，果实发育期短，果皮薄，肉质密度差，不耐贮藏，只能冷处理做短期贮藏。晚熟品种 6 月中下旬成熟，果肉致密，对低温适应能力较强。所以，贮藏保鲜要选 6 月中下旬至 7 月上旬成熟的品种，如那翁、滨库、晚黄、晚红、秋鸡心、施密特、天香锦、甜安等。对于新引进的品种，宜先做贮藏试验，不可盲目贮藏。

（2）甜樱桃的防腐保鲜处理　在贮藏过程中甜樱桃易发生褐腐病、灰霉病、软腐病等症。为防止病害发生，可用仲丁胺熏蒸剂杀菌，每千克甜樱桃果实用 0.1～0.2 克，也可在保鲜袋中放 CT-8 号保鲜剂熏蒸防腐。有条件时也可用 0.1% 噻苯咪唑，或 0.5% 邻苯基酸钠，或 0.5% 维生素 C 溶液浸果，均能抑制甜樱桃褐变及腐烂病的发生。

（3）常用保鲜贮藏方法　目前，贮藏甜樱桃的主要方法有冰窖贮藏法、冷库贮藏法、气调贮藏法和减压贮藏法等。这些方法虽能一定程度地延长甜樱桃的保鲜期，但在实际应用中仍有局限性。例如，冰窖贮藏需要大量的冰块来保持低温，东北地区较方便，而在山东、河北等地若采用此法则费工、费时。大型冷库或大型气调库贮藏，耗能多，降温慢，风险较大。因此，贮藏甜樱桃宜选用小型自动化冷库和气调库。贮藏甜樱桃的最适温度为 0℃±0.5℃。供贮藏的甜樱桃，采摘后需立即入库预冷，尽量缩短采后至入冷库的时间。如果采摘后的果实不预冷就直接包装运输贮藏，则其田间热会使贮藏环境温度升高、湿度增大，从而导致甜樱桃呼吸作用持续增强，造成烂果。

甜樱桃果实的含水量为 90%～95%，为防止果皮细胞失水皱缩，可用厚度 0.02～0.05 毫米的聚乙烯或聚氯乙烯小袋包装。每袋的容量为 1～2 千克，最大不超过 5 千克，这样一方面可减少果实失水，另一方面可起到气体调节作用。

①库房消毒杀菌　入贮前 10 天应对库房进行全面的清理和打扫，使用过的库房要进行彻底的灭菌。整个库房消毒前应对设备的金属部分和货架进行保护，可用 2%～3% 安特福尔敏水溶液喷刷。

库内工具或容器，如垫木、架子、托盘等用药剂浸泡或刷白，并放在阳光下暴晒 1～2 天。库房消毒常用的两种方法是熏蒸法和液体药剂喷洒法。

硫磺熏蒸法：按每立方米 15～20 克的用量计算全库用硫磺量，以锯末作助燃剂。将硫磺分成若干份放在库房的各个部位，用纸卷少量硫磺粉放至浅盘中，可放锯末引火，不好燃时可用刨花加入少量酒精助燃。点燃后立即将明火吹灭，使其燃烧生烟，人迅速离开库房，关闭库门。24～48 小时后打开库门，开启风机通风换气，或打开库门上的小门放出残余气体。以库内无刺激气味为度。须注意的是，以聚苯板、聚氨酯等材料作保温材料的冷库一定要注意防火。

液体药剂喷洒法消毒：常用药剂有 1%～2% 甲醛、84 消毒液、0.5% 漂白粉液等。将药剂按上述浓度配制好后，喷洒至墙面、地面、塑料包装箱、货架等物品上。消毒完毕后一定要晾干库内所有的配套设施，以免影响贮藏质量。液体杀菌消毒法最适于防火要求高的聚苯板保温库。须注意的是，在消毒时应对库内的金属部分进行保护。

②**库房预冷** 库房的设备、保温设施、消毒情况等检查合格后，即可在入贮前 7～10 天正式开机降温，使库房温度降至 -1℃，要求将整个库体冷透并保持稳定，有多个冷库单元时应同时降温预冷。

（4）**减压贮藏** 减压贮藏可使果实色泽保持鲜艳，果梗保持青绿，与常压贮藏相比果实腐烂率低，贮藏期长，果实的硬度、风味和营养损失均很小。试验表明，0℃、压力控制 400 毫米汞柱，每 4 小时换气 1 次，甜樱桃可贮存 50～70 天。

注意事项：无论采取哪一种贮藏保鲜法，均应注意如下几个问题：一是品种应选耐贮品；二是适时采收，果实无伤、无腐蚀；三是果实及时预冷，并适当进行药剂处理，适宜包装；四是气调贮藏时，二氧化碳浓度不宜超过 30%；五是保证贮存环境拥有适宜的温、湿度。

7. 甜樱桃运输中有哪些注意事项？

我国甜樱桃栽培面积小，生产量有限，因此常需要向异地运输，以获得较高的经济效益。甜樱桃不耐长时间的长途运输。向外长途运输的果实，应按照路途远近和果实的不同用途，采取不同的运输方法。鲜食果实宜用冷藏车保鲜运输，运输之前用加压冷却法进行预冷，使果实温度降至 3℃～4℃。适宜的运输温度为 0℃～2℃，运输的周转时间可长达 20～30 天。无制冷装置条件下运输，运输期限建议不超过 3 天。

十一、甜樱桃生产中
应注意的问题

1. 如何科学引种甜樱桃?

甜樱桃喜温暖,不耐寒、不耐旱、不耐涝、怕大风、怕黏土、怕盐碱地,适于在年平均温度 10℃～15℃的地区栽培。经验证明,气温高于 15℃时,甜樱桃往往开花多坐果少。栽种甜樱桃要求 1 年中日平均温度 10℃以上的日数在 150～200 天。冬季 -20℃的低温地区会使甜樱桃发生冻害,导致其大枝纵裂、流胶。大连北部、北京郊区曾经有过引种甜樱桃,但因其发生抽条、冻害而失败的教训。所以,引种甜樱桃,不仅要看当地的年平均温度、降水量、日照、无霜期等条件,还要认真分析当地的小气候特点,先试栽,后发展。

2. 隔年结果的原因有哪些? 如何防止隔年结果?

(1) 隔年结果的原因

①对花芽分化认识有误　甜樱桃的花芽分化是在幼果期开始的,落花后 80 天左右基本结束,不同品种间稍有差异。此期间对养分需求量很大,易造成树体营养生长与生殖生长之间的养分竞争,所以要加强肥水管理。若管理不当,果树易出现大小年现象。

②负载量过大,营养供应不足　甜樱桃的花芽分化与果实生长同步,分化速度快。大年过后出现的小年往往是因舍不得疏花疏果,使果树负载量过大,消耗了大量养分,从而影响了花芽分化。

（2）防止隔年结果的措施

①**合理负载**　及时疏花疏果，减少树体养分消耗。单株产量应根据树龄而定，3～5年生的甜樱桃以每667米²产量400～500千克为宜；7年生以上的甜樱桃以每667米²产量550～700千克为宜。

②**花芽分化期增施叶面肥**　花芽分化期需要控制氮肥，增施磷、钾肥，还要增施叶面喷肥。一般花前追施1次磷酸二铵加硫酸钾。落花后10～15天开始进行叶面喷肥，也可结合防治病虫害进行。

③**合理浇水**　果实进入硬核期以后如果干旱缺水，将严重影响果实膨大和花芽分化的质量与数量。但此时期须注意不要大水漫灌，水量以一漫而过为宜。

④**改善树体结构、保证通风透光**　生长季节及时摘心，疏除直立枝、竞争枝、重叠枝等过密枝条，及时拉枝，使树冠通风透光。

3. 花期霜冻的预防措施有哪些?

樱桃花的特点是每个花芽中有1～5朵花，1个小花序可坐1～3个果。通常情况下，樱桃的花有4种类型：雌蕊高于雄蕊、雌雄蕊等长、雌蕊明显低于雄蕊、雌蕊退化。前两种类型坐果正常，为完全花；后两种不能坐果，为无效花。值得注意的是，在开花过程中若温度过高，会导致花未开而雌蕊已伸长至花冠外，这样的花是非常花，不能坐果。与其他落叶果树相比，樱桃的花药较小，花粉量少，人工采粉较困难。

樱桃花对温度反应较敏感，当日平均温度达10℃左右时，花芽便开始萌动，日平均温度达15℃左右即可开花。开放时间在夜间至凌晨，花开后2～4天柱头黏性最强，为最佳授粉时期。花期1～2周。甜樱桃花期早，极易遭受晚霜、雨、雾危害，有时甚至造成绝产。实践证明，在樱桃生长发育过程中，盛花期最不抗低温，因为花粉管、花粉及子房等组织极为幼嫩，所以冻害明显。不同品种的花期早晚相差5～7天，一般早花品种或晚花品种冻害较轻。花期防冻、雨、雾害的方法有以下6种。

（1）**选好园址** 最好选择地势高、靠近大水源、黏壤土或沙质黏壤土的地块建园。避免在山谷、盆地、洼地等地区建园，这些地区霜冻往往较重。

（2）**选择抗冻品种** 甜樱桃花期受冻的临界温度为 –2℃，在 –2.2℃温度下半小时，花的受冻率 10%；温度降至 –3.9℃，冻害率达 90%；在 –4℃的温度下半小时，几乎 100% 的花受冻。临界温度因开花物候期而异，一般是随着物候期的推移，耐低温能力逐渐减弱。甜樱桃在花蕾期的耐低温能力强于开花期和幼果期。因此，最好选择拉宾斯、早红宝石、萨姆、佐藤锦、艳阳等抗寒力较强的品种。

（3）**搭建防冻、防雨、防雾等设施** 甜樱桃生产应加强防寒、防雨、防雾设施，建塑料大棚、防雨棚等，以保证甜樱桃高产、稳产、优质、高效。

（4）**花前浇水** 樱桃花期遇低温容易导致花芽冻害，影响坐果，降低产量。可在花前浇少量水，降低地温，推迟开花时间，躲过低温侵袭，防止花期冻害。但是不能浇水过多，以免因地温上升缓慢，使花期延长，坐果不整齐。也可以在霜冻来临前 2 小时对树体喷水，依靠水释放的能量减轻低温危害。

（5）**花前喷防冻药剂** 开花前喷施具有稳定植物细胞膜结构的果树防冻剂，或氨基酸类微肥，可提高果树抗逆性，防止冻害的发生。同时，还可提高甜樱桃坐果率和抗旱、抗病能力。

（6）**熏烟** 樱桃树开花前后，应多注意当地天气预报。当夜间气温下降，霜冻来临时，可在樱桃园内点燃锯末、玉米芯、半干的杂草或秸秆等熏烟。每 667 米^2 熏烟 4～5 堆。上风口多放，下风口少放，并按风向由上风口向下风口依次点燃；也可用煤油喷灯点燃炉膛下层的玉米芯，并可采取在玉米芯上加蜂窝煤的办法。每株树下放置 1 个燃煤炉，在夜间气温降至 –1℃之前点燃所有的煤炉。在樱桃花期气温降至 –6℃以下的个别年份，这种方法可起到很好的防冻效果。

4. 防止涝害的措施有哪些？

甜樱桃极不抗涝，短时间积水或长时间湿度过大都会造成树体生长发育不良，甚至窒息而死。防涝的主要措施包括以下4个方面：①不选低洼易涝地建园。②建园前进行全园深翻，保持活土层厚度一致。土层较薄、地下障碍层较重的山地不宜直接挖坑实行"花盆式"栽植，最好先开80～100厘米深的沟进行改良，回填后再按要求栽植。通过开沟破障增加活土层厚度，提高土壤渗水、排水能力。③实行起垄栽培，垄上栽树，垄沟排水。一般垄宽100～150厘米、高20～30厘米。垄沟与果园外缘的排水支沟和排水干沟相通。起垄栽培不仅可以防涝，还可防止栽植过深时影响树体正常生长发育。④降雨过后及时排除田间积水，防止园内长时间积水。

5. 防止风害的措施有哪些？

甜樱桃在北方果树中是最不抗风的，尤其是幼树期间，新梢生长旺盛、叶片大，易使树体头重脚轻，因此，防风害是甜樱桃栽培管理中的一项重要任务。

根据果园的立地环境建造完善的防护林体系，是防风的重要措施。拉线固定或设立支架是生产中最常用的简便易行的方法。每株树均匀地设3～4道拉线，为了增强线的拉力，线的倾角以45°为佳。一端拴在埋入土中的橛子上，另一端固定在树的中心干上，位置在第1～2层主枝间。中心干要先用布、胶皮、塑料等柔软、耐磨的材料包裹，然后再拴拉线，拉线要有个环，不可系紧，防止树中心干成长后被勒进去。拉线的材料可选择防老化的尼龙绳或铁丝，幼树时受风小，用尼龙绳拉住即可，绳直径1厘米。成年树宜用8号铁丝或钢丝拉住固定。

6. 防止裂果的措施有哪些？

一些甜樱桃品种极易裂果，严重影响其商品性，防止裂果的主要措施有以下 4 个方面：①选用早中熟品种，如早大果、红灯、美早等。这些品种在雨季到来前成熟，可避免裂果。栽植晚熟品种应注意品种的抗（耐）裂性，目前比较抗裂果的品种有拉宾斯、斯坦勒、萨米脱等。②加强果实发育期的水分管理，科学灌水，防止土壤忽干忽湿，保持水分平衡供应。干旱时要小水勤浇，严禁大水漫灌，尤忌久旱浇大水。③对于陆地栽培的甜樱桃，要建造简易遮雨棚，实行遮雨栽培，也可在降雨时用塑料膜或蛇皮袋临时遮盖，并在雨后揭去。④甜樱桃采前裂果常与果实缺钙密切相关，补充钙是预防甜樱桃采前裂果的重要措施。

7. 防止鸟害的措施有哪些？

鸟害是樱桃果实成熟期的一大危害。甜樱桃果实成熟时，色艳味佳，常招致鸟侵害，特别是在有树林的地方或山区，鸟害严重。防止鸟害的最有效的措施是在果园上空设防鸟网。

（1）设置防护网　架设防鸟网的方法简单易行，投资很少。防鸟网可购买塑料网布，网格以鸟类不能通过为宜。网宽与行距同宽，网长与果园长度相同。当防鸟网长、宽不够时，也可以几张拼接。防鸟网每年的使用时间短，可连续多年使用。在果园中设防鸟网时，沿果树行间每隔 5～6 米埋设 1 根比树冠稍高的立杆（竹竿、长木杆等），把网张挂在树冠上面，网边固定在立杆上端即可。

（2）人工驱鸟　没有防鸟网设施的樱桃园也可采取传统的防鸟办法，即在樱桃园树冠顶部，每隔一定距离，扎一个穿戴艳丽衣服的稻草人，或播放模仿害鸟的惨叫、猛禽的嚎叫等录音以吓跑害鸟，或采用高频警报装置干扰鸟类听觉系统。这些方法在最初使用时效果好，时间长了害鸟习以为常，则收效甚微。

8. 如何对树体及时补钙？

第一，在秋天或者春天，土壤施生石灰。在根系分布区挖 2～3 个深 20 厘米的坑，埋入生石灰，用土覆盖。覆盖后不要立即浇水，而是让生石灰吸收土壤中的水分慢慢分解，这样不仅能为果树根系提供大量的钙，还能调节土壤酸碱平衡，杀死土壤中的病菌和线虫。一般每棵树埋 0.5～0.75 千克生石灰，2～3 年埋 1 次。

第二，从花后 2 周左右开始，每隔 10 天左右喷布 1 次 300～500 倍有机钙肥（如养分平衡专用钙肥、氨基酸钙肥等），共喷 2～3 次，可明显减轻裂果。此期喷布氢氧化钙 150 倍液和氯化钙 100 倍液，也有良好的预防效果。花后喷钙肥不仅可以减轻采前裂果，还可提高果实品质，增加果实耐贮性。

第三，果实采收前喷施 2～3 次 0.3% 氯化钙液，增加果实表面渗透压，可有效减轻裂果。

参考文献

［1］郭宝林. 樱桃种植新技术［M］. 沈阳：沈阳出版社，2010.

［2］孙玉刚，王金政. 甜樱桃优质高效生产［M］. 济南：山东科学技术出版社，2010.

［3］张鹏，等. 樱桃无公害高效栽培［M］. 北京：金盾出版社，2004.

［4］安新哲. 樱桃优质丰产栽培掌中宝［M］. 北京：化学工业出版社，2012.

［5］韩凤珠，等. 大樱桃保护地栽培技术［M］. 北京：金盾出版社，2003.

［6］张洪胜. 现代大樱桃栽培［M］. 北京：中国农业出版社，2012.

［7］韩凤珠，赵岩. 甜樱桃优质高效生产技术［M］. 北京：化学工业出版社，2012.

［8］孙玉刚. 甜樱桃省工高效栽培技术［M］. 北京：金盾出版社，2011.

［9］孙玉刚. 甜樱桃安全生产技术指南［M］. 北京：中国农业出版社，2012.

［10］苟俊，潘凤荣. 绿色食品甜樱桃标准化生产技术［M］. 北京：中国农业科学技术出版社，2012.

［11］赵岩，韩凤珠，于克辉，等. 保护地栽培甜樱桃的关键技术［J］. 落叶果树，2005（1）：29-30.

［12］张琪静，韩凤珠，赵岩，等．大樱桃保护地生产技术［J］．北方果树，2004（4）：15-16．

［13］赵艳华，吴雅琴，程和禾，等．河北省甜樱桃生产中存在的问题与发展建议［J］．河北农业科学，2009（10）：12-13．

［14］郑晶晶．天水地区甜樱桃早果优质丰产栽培技术［J］．果树花卉，2011（4）：18-19．

［15］谢艳梅．甜樱桃保护地栽培技术［J］．园艺博览，2009（9）：60-62．

［16］王慧珍．甜樱桃丰产优质栽培技术［J］．中国园艺文摘，2013（8）：208-209．

［17］孟钰．甜樱桃丰产栽培技术［J］．中国园艺文摘，2013（9）：187-188．

［18］付存军，王玉山，李冬梅，等．甜樱桃害虫种类调查及防治的初步研究［J］．现代农业科技，2007（20）：78-82．

［19］谷迎春，王媛媛．甜樱桃土肥水管理及病虫害防治［J］．中国园艺文摘，2010（3）：147．

［20］杨成文．甜樱桃无公害生产技术［J］．河北果树，2009（2）：20-21．

［21］王留超．甜樱桃栽培管理技术［J］．落叶果树，2011（3）：46-47．

［22］董香芹，崔庆宝，赵建强，等．无公害樱桃的生产技术［J］．山东林业科技，2004（4）：27．

［23］李帅．樱桃设施栽培无公害生产技术［J］．现代园艺，2007（10）：14-15．

［24］郭佰静，郭丽，王坤，等．樱桃栽培管理技术［J］．安徽农学通报，2011，17（06）：138-139．

［25］艾呈祥，孟庆峰，刘庆忠，等．甜樱桃授粉与花果管理技术［J］．落叶果树，2010（4）：36-38．

［26］戴桂林，杨晓华，聂国伟，等．甜樱桃生物学特性研究

初报［J］. 山西农业科学，2008，36（3）：27-30.

［27］张淑贤. 大樱桃树的整形修剪［J］. 河北林业科技，2009（1）：62-63.

［28］韦兴笃，李承秀，苏向利. 大樱桃整形修剪中应注意的几个技术问题［J］. 落叶果树，2000（2）：52-53.

［29］张殿高. 聚焦大樱桃树整形修剪的三个关键点［J］. 北方果树，2011（1）：14-15.

［30］刘艳玲. 樱桃整形修剪技术［J］. 吉林农业，2010（8）：134.

［31］张福兴，刘美英，孙庆田. 自由纺锤形树的甜樱桃标准树体结构及整形修剪技术［J］. 落叶果树，2013，45（2）：30-31.

［32］张开春，等. 甜樱桃优新品种及配套栽培技术彩色图说［M］. 北京：中国农业出版社，2015.

［33］夏国京，张力飞. 甜樱桃高效栽培［M］. 北京：机械工业出版社，2014.

［34］陈敬谊. 樱桃优质丰产栽培实用技术［M］. 北京：化学工业出版社，2016.